JN426001

제2판

강의노트로 배우는 성의 세계

윤성규 저

월드사이언스

Lecture note on the Nature of Sex, 2/E

Sung Gyu YUN, Daegu Univesity
Copyright ©2010 by Sung Gyu YUN
Published by World Science Publishing Company, Inc.
Seoul, Korea
Tel. 02-581-5811-3
Fax. 02-521-6418
E-mail: worldscience@hanmail.net
Home page: http://www.worldscience.co.kr

All rights reserved.
No part of this publication may be reproduced in any form, except for brief quatarions for a review, without written permission of the publisher.

Printed in Republic of Korea

강의노트로 배우는 성의 세계 제2판

2006년 8월 20일 1판인쇄
2006년 8월 30일 1판발행
2010년 2월 25일 2판발행

저 자 윤 성 규
발행인 박 선 진
발행처 도서출판 월드사이언스
서울특별시 서초구 방배4동 864-31
등록일자 1988년 2월 12일
등록번호 제16-1601호
TEL (02) 581-5811~3
FAX (02) 521-6418
E-mail: worldscience@hanmail.net
URL : http://www.worldscience.co.kr

정가 9,000원

ISBN 978-89-5881-150-3

이 도서의 국립중앙도서관 출판시도서목록(CIP)은 e-CIP 홈페이지(http://www.nl.go.kr/cip.php)에서 이용하실 수 있습니다.(CIP제어번호: CIP2010000606)

머리말

수업매체는 판서뿐만 아니라 모형, 사진, 그림, 표, 비디오, 인터넷 등의 자료로 이루어져 있으며, 최근에는 이러한 시청각 자료와 강의내용을 디지털화하여 스크린에 비추면서 강의를 한다. 이러한 수업은 학생의 이해를 많이 도울 수 있지만 강의 후에는 학생의 수중에 자료가 남아 있지 않거나, 강의 중 교과서에 없는 내용은 열심히 필기를 해야 하므로 설명에 집중하기 어려워 이해도가 낮아질 수도 있다. 복습을 하고 싶어도 시청각 자료는 미처 필기하지 못했으므로 볼 수가 없을 것이다. 이러한 단점을 보완할 수 있는 것이 교수의 발표용 강의노트를 학생이 가지는 것이다. 수업 중에 필기를 많이 하지 않아도 되므로 설명에 집중할 수 있어서 이해도가 훨씬 높아질 것이다. 이러한 뜻에서 다년간 성의 세계를 가르치면서 축적해 두었던 강의노트를 모아 「강의노트로 배우는 성의 세계」란 책을 출판하게 되었다.

이 책의 모두 3부로 되어 있으며, 제1부에서는 자연계에서의 성을 다루었다. 즉, 성의 탄생과 자연계에서 성의 중요성 그리고 동물에서 번식의 지혜를 다루었다. 제2부에서는 사람의 생물학적 성을 다루었으며, 남녀가 어떻게 결정되는지, 생식기관의 구조와 기능, 그리고 정자와 난자 및 월경을 다루었다. 제3부에서는 실용적인 성지식에 관하여 다루었다. 즉, 제7장과 8장에서는 사랑과 성욕, 그리고 젊은이를 위한 Message를 다루었다. 제9장은 성교와 성기능을 다루었다. 제10장과 11장은 수정에서부터 출산 그리고 유산까지를 다루었다. 제12장은 피임과 불임을 상세하게 다루었다. 제13장과 14장에서는 성을 잘 못 알면 바람직하지 않은 결과를 초래할 수 있으므로 경각심을 불러일으키기 위해 낙태와 성병 그리고 성도착증과 성범죄를 다루었다. 제15장에서는 이 강의를 마무리 짓는 뜻에서 성지식 테스트를 다루었다.

오랫동안의 강의를 통하여 학생들이 의외로 잘못 알고 있는 성지식이 많다는 것을 알고, 이를 바로 잡으려고 노력하였다. 그리고 교과서적인 성지식뿐만 아니라 실용적인 성지식을 다루려고 노력하였다. 아직도 미비한 점이 많이 있지만 이를 계기로 더 좋은 책이 되도록 노력하겠다.

이 책을 통하여 성에 대한 올바른 지식을 더욱 많이 습득하여 즐거운 성생활이 될 수 있기를 바라며, 자료의 일부를 제공하여 준 학생들에게 감사드린다. 아울러 수정 보완하여 2판 발행을 쾌히 허락하여 주신 월드사이언스의 박선진 사장님께 깊은 감사를 드린다.

2010년 2월

대구대학교 윤성규 드림

저자 소개

윤 성 규

저서: 신경향 성의 과학(월드사이언스), 과학기술대사전(아카데미서적), 생명과학사전(아카데미서적), 신경향 전공생물(동남기획), 해양 무척추동물의 번식과 생활사(아카데미서적) 등 22권

국립 경상대학교 사범대학 과학교육과 생물교육전공 이학사
국립 부경대학교 수산생물학과 수산학석사
일본 국립 Kyushu University 생물학과 이학박사
일본 국립 Kumamoto University 객원교수
(현) 대구대학교 사범대학 과학교육학부 생물교육전공 교수
sgyun@daegu.ac.kr

목 차

제3부 실용적인 성

제1부 자연계의 성

제1장 성의 탄생

*** 학습목표**

- 생명의 진화과정에서 성이 어떻게 생겨났는가를 안다.
- 생식방법을 안다.

*** 학습 내용**

1. 최초의 생명체와 단세포 생물의 탄생
   1) 최초의 생명체 탄생　　2) 단세포 생물의 탄생

2. 다세포 생물과 성의 탄생
   1) 다세포 생물의 출현　　2) 성의 탄생

3. 무성생식과 유성생식
   1) 무성생식　　2) 유성생식　　3) 무성과 유성의 두 가지 생식

4. 생식방법에 따른 장단점
   생식방법에 따른 장단점 비교

1. 최초의 생명체와 단세포 생물의 탄생

초기의 지구환경 (46억년전)
황과 황화수소로 덥힘, 액체마그마 표면 → 10억년 뒤 증기 →냉각 →소나기 → 원시바다 → 이산화탄소 다량 → 태양 → 생명체 요소 쌓임

1) 최초의 생명체 탄생

- 황과 황화수소를 먹이로 하는 무기체가 성장하다가 오랜 시간에 걸쳐 단단한 껍질이나 부드러운 껍질을 가지게 됨, 무기체에서 유기체(박테리아)로 전환

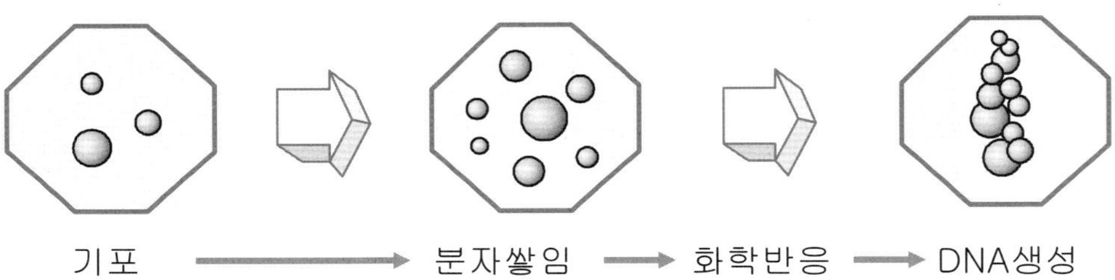

2) 단세포 생물의 탄생

- 시아노박테리아 탄생(35억년전), 산소의 영향
- 환경변화에 적응하여 생명체의 발달이 가속화
- 공생의 시작, 무성생식의 시작: 20억년전

2. 다세포 생물과 성의 탄생

1) 다세포 생물의 출현

- 14억년 전, 대륙 등장하고 환경의 급격한 변화로 바다에 양분의 부족으로 단세포 생물의 멸종위기, 이로 인해 세포들이 생존을 위해 두 개가 합쳐져 하나의 세포로 만들어짐(클라미도모나스), 그것이 성의 발생과 관계

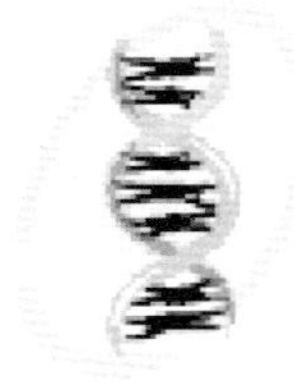

2) 성의 탄생

- 14억년 전, 다세포생물을 이루는 몇 개의 세포가 서로 협력하여 생존가능성을 높이려고 하나의 DNA를 방출, 운동성이 크고 수가 많은 것과 움직임이 적고 양분을 지닌 것, 이것이 생식세포. 성의 시작
- 생식세포가 나타나 정자와 난자로 분화, DNA 섞은 후 다시 분열하여 부모와 다른 유전자를 가진 세포로 분열, 수컷과 암컷으로 이루어진 유성생식의 시작, 급속한 진화

3. 무성생식과 유성생식

1) 무성생식

(1) 거북말

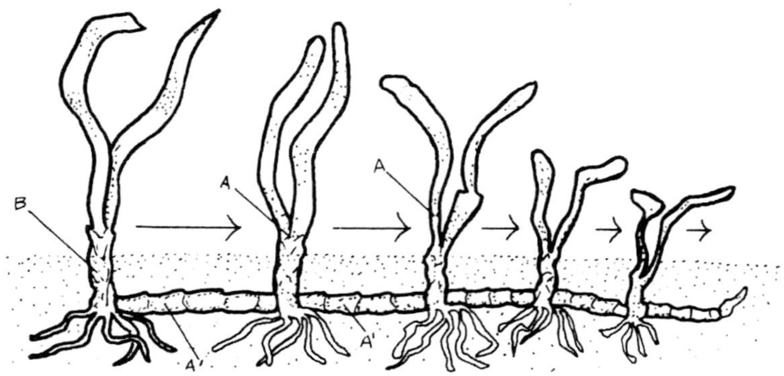

그림 1. 거북말

(2) 짚신벌레

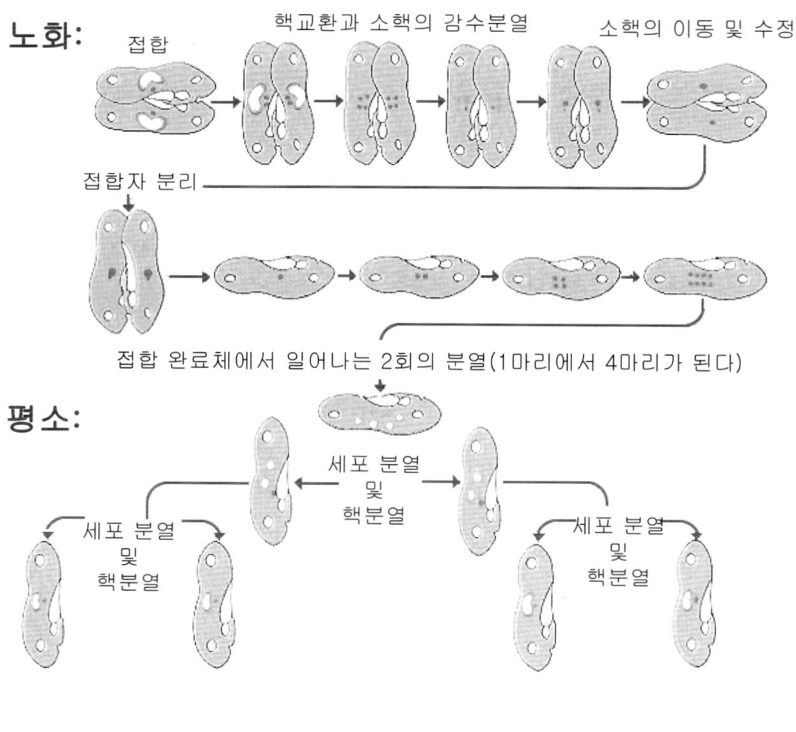

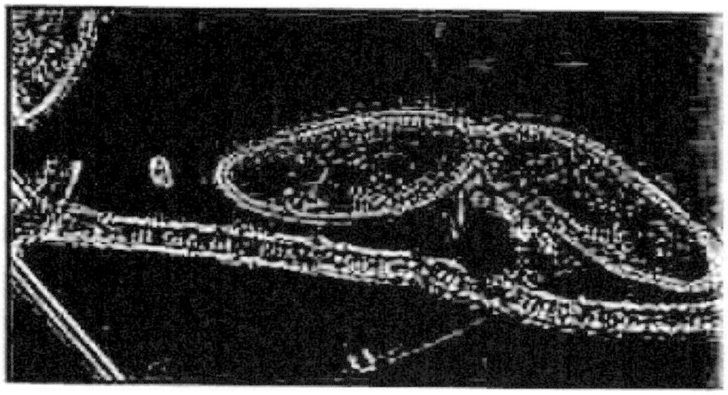

그림 1. 짚신벌레의 접합

(3) 히드라

출아 : 성체 히드라에서 새로운 개체가 돌출해 나와 자란다.

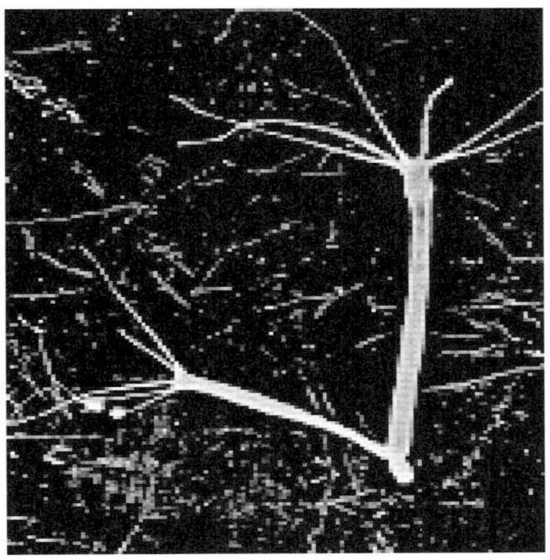

그림 2. 히드라의 출아

(4) 도마뱀

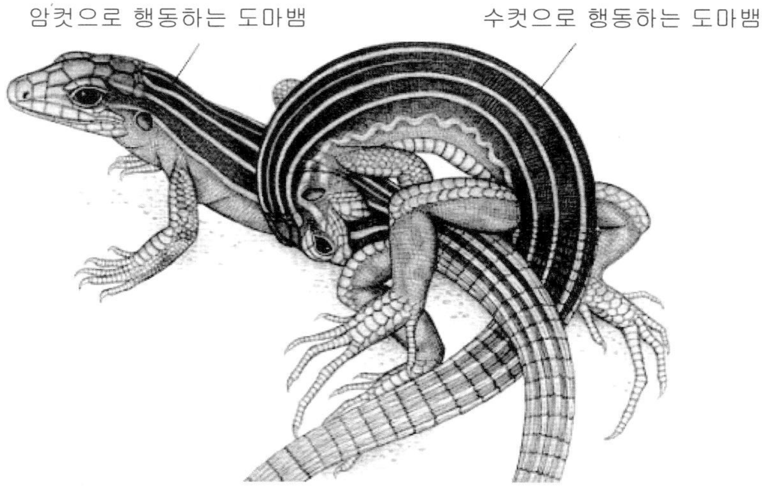

• 단위생식하는 웹테일도마뱀은 모두 암컷이다. 그러나
생식행동에 있어서 번갈아 가며 수컷의 역할을 한다.

그림 3. 무성생식에도 성적행동이 필요한 도마뱀(이광웅 등, 2003).

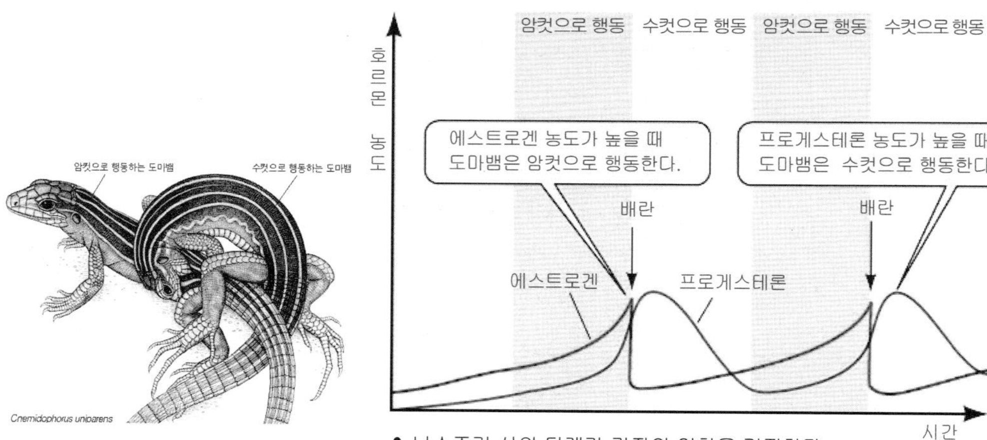

• 난소주기 상의 단계가 각자의 역할을 결정한다.

그림 4. 무성생식에도 성적행동이 필요한 도마뱀(이광웅 등, 2003).

2) 유성생식: 대부분의 진화한 생물

- 유성생식은 여러 면에서 무성생식에 비해 비경제적이다.
- 배우자를 찾고 교미를 하는데 많은 에너지와 시간이 필요하다.

- 그렇다면 진화된 고등생물일수록 유성생식이 일반화된 이유는 무엇일까?

3) 무성과 유성의 두 가지 생식

(1) 말미잘, 산호, 갯지렁이, 불가사리

그림1. 말미잘류의 족반분리에 의한 무성생식

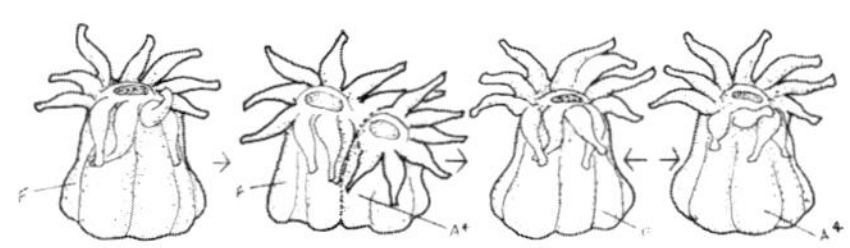

그림2. 산호 폴립의 출아(Niesen, 1982)

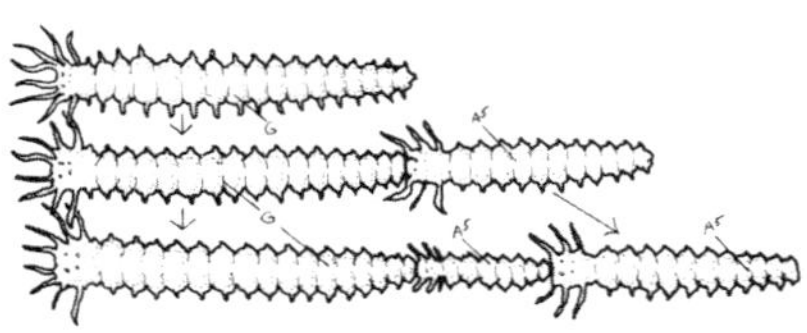

그림3. 갯지렁이류의 무성생식(Niesen, 1982)

그림4. 불가사리류

(2) 진딧물

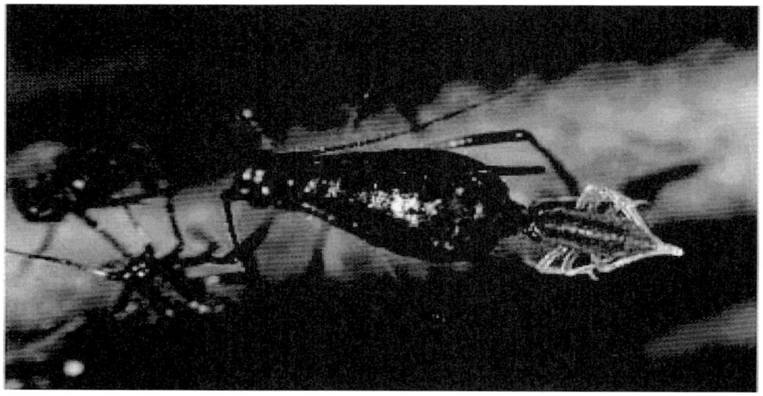

그림 5. 진딧물의 **단위생식** : 생식조건이 호의적일 때 암컷 진딧물은 유전적으로 동일한 자식을 만들어 낸다 (이광웅 등, 2003).

4. 생식방법에 따른 장단점

1) 생식방법에 따른 장단점 비교

표 1. 생식방법에 따른 장단점 비교

생식방법	장 점	단 점
무성생식	-조건이 맞을 때 신속하게 많이 증식 (기회주의적)	-유전자의 복제(same) 이므로 유전자의 단일성으로 인하여 환경변화에 대처하지 못함
유성생식	-세대를 거쳐가면서 유전자의 다양화(gene diversity) -즉, 새끼는 신제품(not same but nearly same), 따라서 적자 생존에 유리 (more adaptive)	-짝찾기에 에너지 소모, (투쟁, 희생, 많은 시간)

Q. 어느 방법이 종족유지에 더 유리할까?

*** 정리**

- 최초의 생식 방법은 무성생식이었다
- 부적합한 환경에 생존하려고 접합하여 유성생식이 탄생
- 환경과 생물의 형태와 기능에 따라 유/무성생식 유리/불리

*** 토의**

1. 유성생식은 어떻게하여 시작되었을까?

2. 지금처럼 다양한 생물이 존재하게 된 원천은?

제2장 성의 중요성

*** 학습목표**

1. 유성생식의 효과를 안다.
   - 어떻게 하여 이처럼 다양한 종이 생겨났는지를 안다.
   - 같은 종 내에서 유전자 다양성의 현상과 요인을 안다.

2. 번식이외 성의 역할을 안다.

*** 학습 내용**

1. 유성생식의 효과
   1) 수정방법의 다양성
   2) 종 다양성 증가
   3) 종내 다양성의 증가
      (1) 아글리아스나비　(2) 메델라이나비　(3) 다른 종류의 나비
      (4) 토끼　(5) 사람
   4) 종내 다양성의 요인
      (1) 근친교배 회피　(2) 개별성
2. 번식이외 성의 역할
      (1) 보노보(피그미 침팬지)　(2) 사람

용어정리

■ 종(種, **species**): 생물의 분류 단위로 자손대대로 생식이 가능한 무리
　　ex) 개구리와 청개구리는 다른 종

■ 종 다양성(종간 다양성): 다양한 종이 있음을 나타냄
　　ex) 앞산에는 20종의 새가 있고, 뒷산에는 10종의 새가 있을 경우
　　　　앞산의 새의 종 다양성이 더 높음

■ 종내 다양성(종내 유전자 다양성, 변이): 같은 어미에게서 태어난 자손이라도 미세한 유전적 특징이 다름을 나타냄
　　ex) 형제자매라도 유전적 특징이 다름(변이가 있음)

1. 유성생식의 효과

1) 수정 방법의 다양성

- **체외수정**: 암컷의 체외에서 이루어지는 수정
  암수가 동시에 정자와 난자를 방출하여 수정
  ex) 산호와 물고기 등

- **체내수정**: 암컷의 체내에서 이루어지는 수정
  정자와 난자가 공기 중에 나오면 건조되므로 체내수정 발달
  생식기 결합 필요

- **생식방법의 진화**: 암수가 서로 이끌려야 하므로 구애행동 발달

2) 종 다양성 증가

- 5억 3천만년전(캄브리아기)- 천해(얕은 바다) 생성
- 천해는 양분이 풍부
- 유성생식을 통하여 유전자가 재조합

- 새로운 곳에서 오랜 기간 진화를 거쳐 새로운 종으로 분화되어 다양한 종이 존재

3) 종내 다양성의 증가

(1) 아글리아스나비

- 같은 어미에서 태어난 새끼 나비들끼리도 각각 그들 날개의 색과 무늬가 다름
- 이점 : 색에 따라 적에게 잡아먹히는 정도가 달라서 적자생존 할 수 있으므로 그 종이 멸종하는 것을 방지

(2) 메델라이나비

- 종내의 유전자 다양성으로 질병을 이기고 생존에 도움
- 일부의 나비는 독이 있는 다른 종의 나비 색깔(빨간 점이 있음)을 닮으므로 포식자가 기피 → 생존

(3) 다른 종류의 나비

- 한 어미가 같은 시기에 알을 놓았지만 부화시기가 달라서 태풍 등의 악조건에서도 종의 멸종을 방지

(4) 토끼

① 호주에서는 사냥을 위해 영국에서 토끼 가져옴 ② 천적이 없어서 빠르게 번식(토끼천국) ③ 토끼에 의한 농작물 피해 급증 ④ 토끼의 수를 줄이고자 바이러스로 멸종을 시도 ⑤ 일부 토끼가 면역성을 가짐으로 살아남음

⇒ 유성생식을 통해 다양한 유전자를 물려 받아서 개체마다 MHC단백질이 다름(종내 유전자의 미세한 차이) → 면역성이 다름 → 생존

(5) 사람

- 나의 유전자의 93%는 부모와 같고 7%만 다르다 → 개별성
- 똑같은 환경에 있는 사람 중에서도 어떤 사람은 질병에 걸리게 되고 어떤 사람은 괜찮은데
- 이것 역시 유성생식을 통해서 개인마다 다른 MHC단백질을 가지게 되고,
- 케냐의 수도 나이로비에는 에이즈에 걸리지 않는 여성(매춘부 1700명중 25명)까지 존재하게 됨

4) 종내 다양성의 요인

(1) 근친교배 회피

- 멍게류: 같은 군체(colony)끼리는 생식을거부 → 유전적으로 다른 개체들끼지 교배 함
- 근친교배를 하지 않음으로 더욱 다양한 종내 유전자 다양성을 유지

  ⇒ 비슷한 유전자를 가진 군체끼리는 수정하지 않는다

  ⇒ 유전자 성질이 다른 군체끼리는 수정을 함

(2) 개별성

- 유성생식은 복권추첨에서 여러 가지 번호를 가지는 것이 유리한 것처럼 진화에 유리함
- 성은 다양성을 제공
- 개별성을 가지고 있으므로 새로운 서식지로 자손을 멀리 보낼 경우에 열악한 환경에도 살아남을 생존의 가능성 높음

2. 번식이외 성의 역할

1) 보노보(피그미 침팬지)

- 긴장을 해소하여 질서유지
- 친밀과 화해의 목적으로도 성교 → 평화유지

2) 사람

- 긴장이 해소되고
- 자기 만족(기쁨)을 얻음
- 서로간의 친밀감이 형성되어 가정의 화목 유지
- 일의 능률성 향상

*** 정리**
• 유성생식으로 종(간)의 다양성 증가 → 다양한 종으로 진화 • 유성생식으로 종내 (유전자) 다양성이 증가 → 한 종이 멸종하는 것을 방지 • 성은 번식이외의 다양한 역할을 함
*** 토의**
1. 근친결혼을 방지함으로서 얻는 이점은? 2. 어떤 이유에서 에이즈에 걸리지 않는 여성이 존재할 수 있을까? 3. 번식이외 성의 역할 2가지는 무엇인가?

제3장 번식의 지혜

*** 학습목표**
• 유성생식을 하는 생물들은 짝을 어떻게 찾는 지를 안다. • 생물들은 언제 번식하는 것이 유리한 지를 안다. • 사람에서 번식의 지혜를 안다.
*** 학습 내용**
1. 짝을 찾는 방법(how) 1) 시각 2) 소리 3) 냄새 4) 기타 2. 번식시기(when) 1) 달 주기 2) 태양의 고도 3) 우기 4) 기생 5) 예외 3. 사람에서 번식의 지혜

1. 짝을 찾는 방법 (how) : 짝찾기

1) 시각

- 침팬지 : 암컷이 부어오른 생식기로 자신이 번식 시기임을 알림
- 잭슨새 : 교미춤을 추어서 암컷을 유혹
- 위버새 : 실용성 있는 집을 지어 암컷을 유혹
- 바우어버드(새) : 암컷이 좋아하는 색으로 둥지를 장식하여 암컷을 유혹

<잭슨새>

<위버트(새)>

<바우어버드(새)>

2) 소리

청각적인 신호(소리)는 시각적인 신호보다 멀리 전달됨

- 거문고새 : 노래로 자신의 짝을 찾음
- 코끼리: 초저음주파수의 소리로 수컷을 찾음
- 혹등고래 : 노래로 암컷을 찾음

<거문고새>

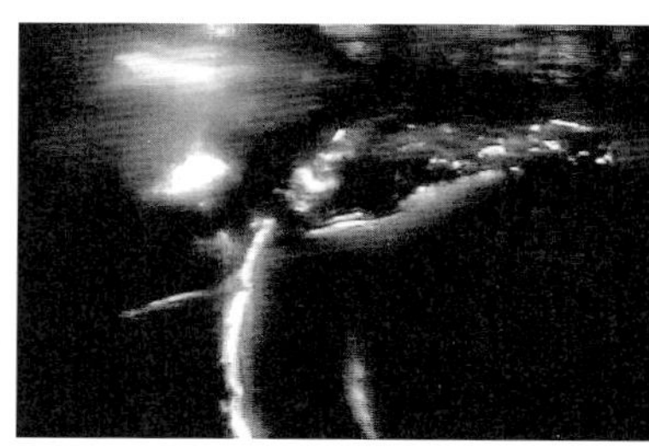

<혹등고래>

3) 냄새

(1) 누에나방

- 성페로몬(sex pheromone) : 짝을 유혹하기 위해 체외로 분비하는 물질
- 암컷 누에나방으로부터 성페로몬(봄비콜)을 추출하여 여과지에 떨어뜨리면 수컷이 모여들어 암컷이 없어도 교미자세를 계속 취함
- 초미량의 암컷 성페로몬으로도 수 km나 떨어진 곳의 수컷을 유인

(2) 바퀴벌레

- 바퀴벌레를 일망타진 할 수 있는 방법은?

<누에나방>

4) 기타

(1) 불빛 : 반딧불은 암수가 불빛을 교환하여 짝짓기 상대를 만남
(2) 전기 : 일부 물고기는 전기를 생산하여 짝짓기의 신호로 사용
(3) 진동 : 수컷 거미는 암컷이 쳐놓은 줄을 튕겨 청혼가를 연주
➡ 암컷이 줄을 몇 번 잡아당겨 수컷을 초대
➡ 교미가 시작됨

◆ 결론: 동물들은 우량한 양질의 짝을 찾는다(강신성 등, 2006)

2. 번식시기(when)

1) 달 주기: 조위

- 파롤로갯지렁이 : 달에 의해서 조수의 차이가 생길 때 방란 · 방정에 알맞은 수위가 만들어짐
- 그리니온(어류) : 조수간만의 차이가 가장 클 때를 기다렸다가 해변가 모래 안에 알을 낳음
- 북미투구게 : 만조를 이용해 해변가에 알을 낳음

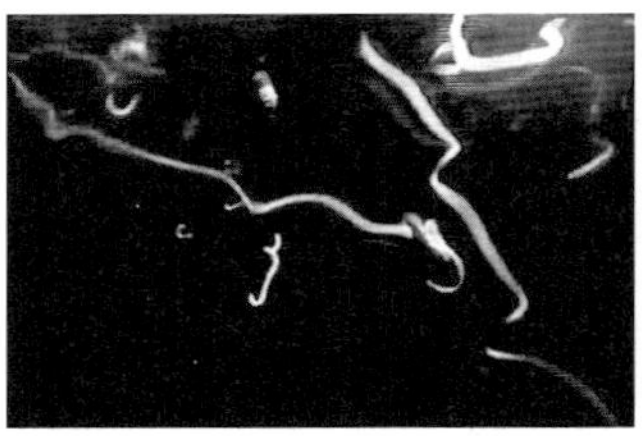
<파롤로갯지렁이>

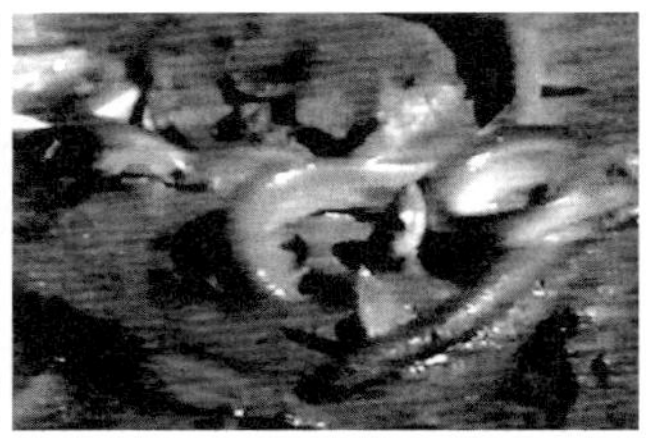
<그리니온어류>

<북미투구게>

2) 태양의 고도: 온도

(1) 벌과 나비
- 태양의 고도에 의해서 온도와 광주기 결정 → 꽃 개화
  → 벌과 나비 등 곤충 번식 → 새의 번식

(2) 백조
- 백조의 먹이도 역시 태양에 반응하는 생물
- 백조는 먹이와 태양(따뜻한 온도)에 반응하는 생물

3) 우기 : 비

물은 생명 유지에 필수 조건임

- 가젤 : 우기 시작과 함께 새끼를 낳음
- 쟁기발개구리 : 평소 땅속에 있다가 소나기가 내릴 때만 땅 위로 나와서 번식을 함

< 가 젤 >

<쟁 기 발 개 구 리 >

4) 기생양육

자신의 새끼를 자신이 키우거나 보호하지 않고 다른 생물을 이용해서 성장하도록 하는 것

- 뻐꾸기 : 유럽개개비 둥지에 자신의 알을 몰래 가져다 놓으면 유럽개개비는 자신의 새끼인줄 알고 키워줌
- 파리의 일종 : 알카라이벌 집에 자신의 알을 산란하여 파리 애벌레가 벌 애벌레에 기생하여 자라남. 살아남는 것은 파리 애벌레

5) 예외

- 미국매미: 알은 나무껍질 속에서,
  유충은 땅속에서 17년간,
  번데기는 나무 위에서,
  성충은 나무 위에서 교미를 하여 알을 낳은 후에 죽음

<매미>

3. 사람에서 번식의 지혜

1) 좋은 짝 구하기 (how)

(1) 만남

(2) 선택

- 정신적 사랑
- 사회적 능력
- 유전적 우수성

2) 적절한 출산시기 (when)

(1) 양육할 시간(또는 사람)

(2) 경제력

*** 정리**

- 생물들이 짝을 만나는 방법은 다양하다.
- 생물들은 좋은 유전자를 가진 파트너를 선택하려고 노력한다.
- 자손을 생육하기 좋은 시기에 번식을 한다.
- 사람도 좋은 배우자를 만나려고 노력한다.

*** 토의**

1. 생물들의 번식시기에 영향을 미치는 환경요인에는 무엇이 있을까?

2. 동물이 짝을 만나는 방법에는 시각 이외에 어떤 방법이 있을까?

제2부 사람의 생물학적 성

제4장 성의 결정

* 학습목표
• 동물의 성이 결정되는 방식을 안다. • 사람의 성이 결정되는 방식을 안다. • 성 발달에 이상이 있으면 어떤 현상이 일어나는 지를 안다.
*** 학습 내용**
1. 동물의 성 결정 1) 성염색체　　2) 주변 환경 2. 사람의 성 결정 1) 유전자　　2) 성샘 3) 성호르몬　　4) 뇌 3. 성 발달의 이상 1) 원인　　2) 현상

1. 동물의 성 결정

1) 성염색체

- 대부분의 동물은 수정되는 순간 성염색체에 의해 성이 결정
  (인간의 성 결정과 유사)

- 암수딴몸(자웅이체)인 동물인 경우, 성의 결정은 그 생물이 가지고 있는 염색체 중의 성염색체의 조합에 의해 결정

2) 주변 환경

(1) 온도

- **악어**: 수컷은 목숨 건 투쟁을 하기 때문에 몸집이 큰 것이 수컷
  태아 때 온도가 높아 따뜻할수록 몸집이 커지고 수컷이 됨

- **바다거북**: 암컷은 많은 알을 낳기 위해 큰 몸집이 필요
  태아 때 따뜻할수록 몸집이 커져 암컷이 됨

그림 1. 악어 (http://imagesearch.naver.com/050128)

그림 2. 바다거북

(2) 어미

- **보넬리아**: 암컷은 성이 결정되지 않은 새끼를 낳음
  어미에게 먹히면 수컷, 먹히지 않으면 암컷으로 성장

- **벌**: 여왕벌만 산란을 하는데 여왕벌이 정자와 수정을 시켜 낳으면
  일벌(암컷)이 되고 수정시키지 않으면 몸집이 큰 수컷이 됨

그림 3. 보넬리아 (http://imagesearch.naver.com/ 050128)

그림 4. 벌

(3) 이웃

- **따개비**: 암수한몸으로 고착생활을 하는데, 주변의 이웃 따개비와 긴
  음경(penis)으로 정자를 주고받아 타가수정을 함

그림 5. 따개비 (http://imagesearch.naver.com/ 050128)

(4) 성전환

- 물고기

2. 사람의 성 결정

1) 유전자

(1) 성염색체

- 염색체의 수는 생물의 종류에 따라 다름

- **상동염색체**: 하나의 체세포에는 모양과 크기가 비슷한 염색체가 쌍으로 존재

- 사람의 염색체(23쌍)
  = 상염색체**(22쌍)** + 성염색체 **(1쌍)**
  (성염색체가 정상인 경우, 남자는 XY, 여자는 XX)

- **23**쌍의 염색체 내의 유전자가 그 사람의 형질을 결정하게 됨

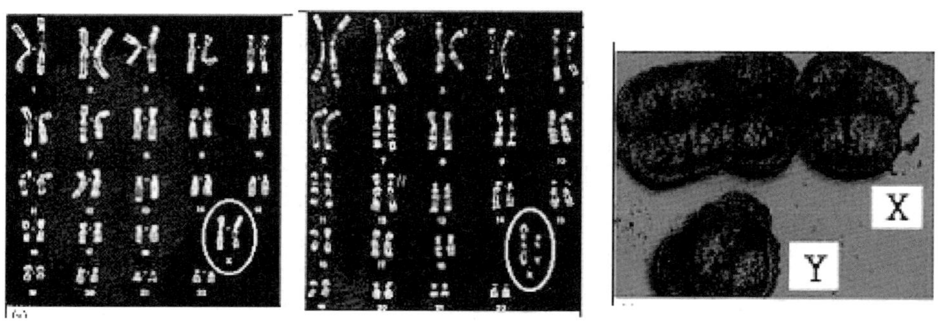

그림 6. 사람의 염색체 (추영국 등, 2003)

▪ 정상적인 경우 ▪
‣ 자람의 염색체수는 **46**개**(23**쌍**).** 그 중 **1**쌍의 성염색체가 존재 ‣ 정자를 만들 때, X염색체를 가진 정자와 Y염색체를 가진 2종류의 정자 만듦 ‣ 단자를 만들 때, 모두 X염색체만 가진 것 22쌍의 상염색체 + 성염색체의 조합이 XY→ 남자 22쌍의 상염색체 + 성염색체의 조합이 XX→ 여자

• 성염색체의 수와 질이 정상일 경우

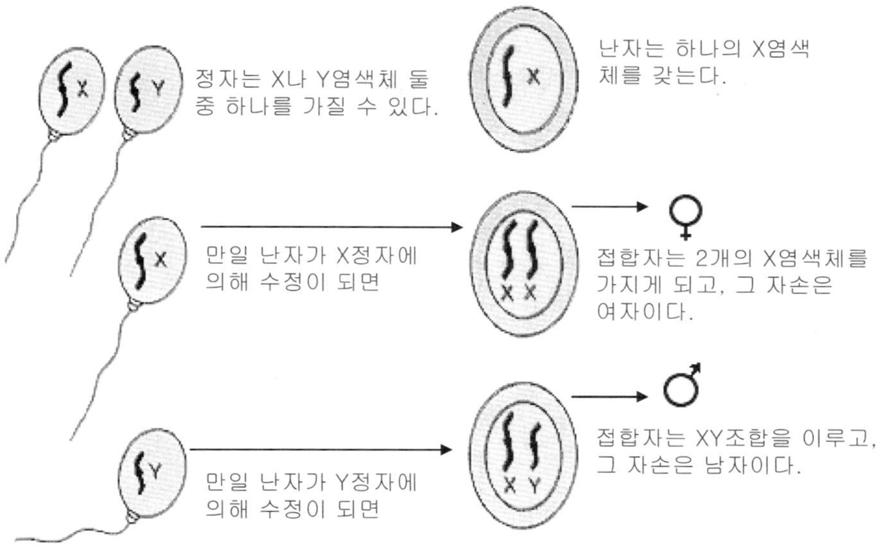

그림 7. 성은 정자에 의해 수정되는 순간에 결정된다. X염색체를 가진 정자는 여자를, Y염색체를 지닌 정자는 남자를 만든다 (이 등, 1995).

▪ 수의 이상 ▪
‣ 성염색체가 감수분열을 할 때에 아래와 같은 개수에 이상이 생긴다. ‣ 성염색체의 수에 이상이 생기면 생식기와 생식선의 발달 장애가 동반된다.

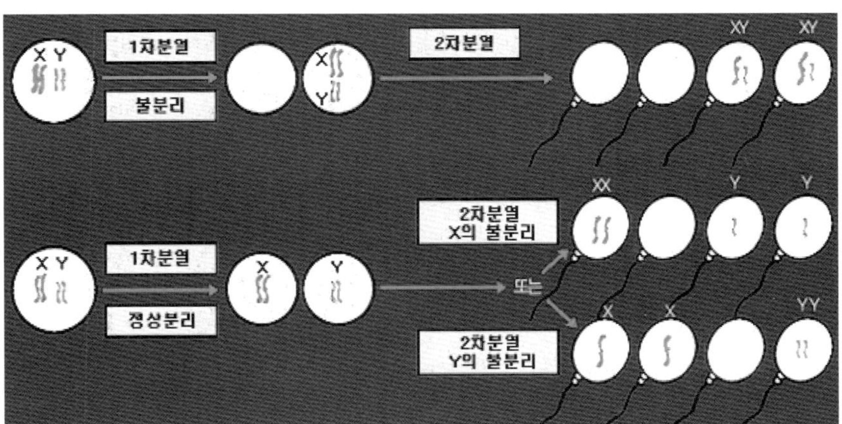

그림 8. 감수분열시 성염색체 불분리 현상. X(빨강)와 Y(파랑) 염색체만 보임 (이 등, 1995).

(2) 성염색체 수의 이상

> ‣ X 또는 Y 염색체가 정상의 수보다 많거나 부족함
> ‣ 질적으로 정상적인 Y 염색체가 존재하면 남자로 판정

표 1. 염색체 수에 의한 사람의 성 결정

	남자		여자	
	정상	이상	정상	이상
상염색체	44개(22쌍)	44개(22쌍)	44개(22쌍)	44개(22쌍)
성염색체	XY	XXY	XX	XO
		XXXY		XXX
		XYY		XXXX
계	46개(23쌍)	47, 48개	46개(23쌍)	45, 47, 48개

표 2. 성염색체 수와 질의 이상의 예

염색체			질병	
종류		이상	병명	임상적 특징
수의 이상	X	결실	터너 증후군	여자, 작은 키, 발육부진의 난소
	XXY	X첨가	클라인펠터 증후군	남자, 정소가 점차 퇴화, 점점 가슴이 커짐
	XXX	X 첨가		X염색체가 3개인데도 불구하고 생식이 가능, 거의 정상인 여자
	XYY	Y첨가		대체로 심한 여드름을 지닌 남자, 일부는 경미한 정신지체
질의 이상	XY	Y에 TDF가 결실		여자인데 남자로 보이는 기형
		X에 TFm가 변이		정소가 있는 남자인데 여자로 보이고 질이 있음
	XX	X위에 TDF가 있음		남자인데 여자로 보임, 불임

ⓐ 터너 증후군

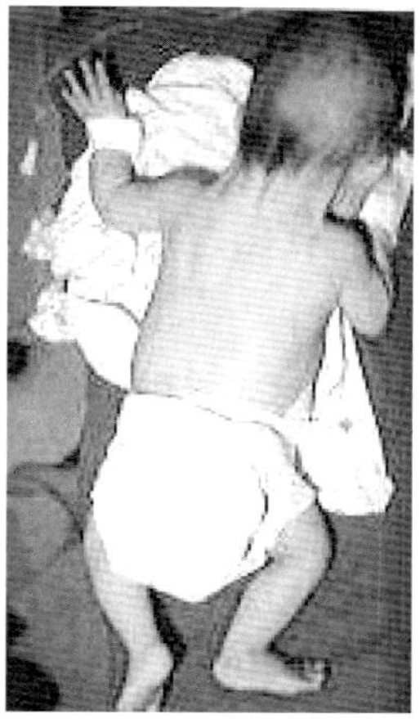

- X염색체를 가진 난자와 성염색체가 없는(O)인 정자가 수정한 결과. 염색체 수는 45개의 여자

- 여자이면서 완전한 여자로 되지 못하고, 발육부전의 난소 때문에 외부생식기는 어린아이와 같고, 유방이나 2차성 특징이 나타나지 못함, 자궁의 발달이 나쁘고 무월경으로 불임

그림 9. 터너증후군 (7개월, 여아).
현저한 익상경을 보인다.- 성염색체의 이상
(http://www.sshosp.co.kr 030707)

ⓑ 클라인펠터 증후군

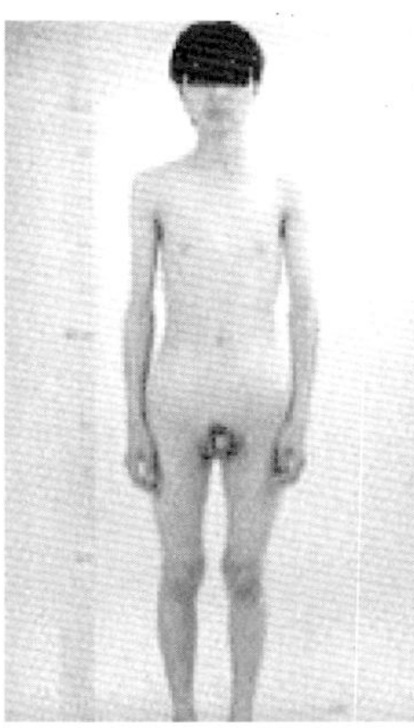

- 성염색체가 하나 더 있는 **XXY**형
  Y염색체 가진 정자와 XX염색체 가진 난자가 수정된 결과

- 표현형은 남자, 사춘기가 지나서 2차 성징의 결여, 키가 크고 여성형 유방, 정소(고환)의 발육부진으로 무정자증

그림 10. 클라인펠터증후군
(http:// www.sshosp.co.kr 030707)

(3) 성염색체 질의 이상

■ **정소결정 유전자(TDF)** : 남자의 성은 보통 Y 염색체위에 있는 TDF(정소결정유전자, 고환결정유전자, Testis Determining Factor) 에 의해 결정된다. 즉 보통처럼 정소결정 유전자가 Y염색체 위에 있으면 정상적인 남자, 그러나 특이하게도 TDF가 X염색체 위에 있으면 남자인데도 여자로 보이는 기형으로 됨

⇒ 성 결정의 기준은 우선적으로 TDF 유전자의 유무이다.

■ **정소성 여성화(TFm)** 유전자

- 남자라도 X염색체 위에 있는 TFm(Testicular Feminization)유전자가 변형 되면 → 안드로겐을 수용하지 못함 → 외부생식기 이상
- 성염색체는 XY로 남자이지만 외관상으로 멋진 여자

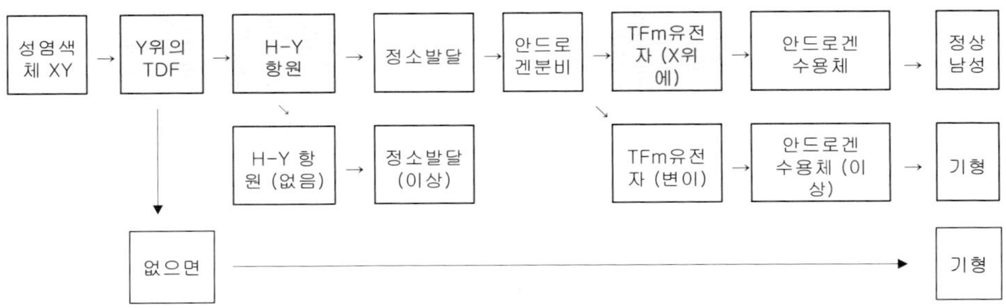

그림 11. 사람의 성 결정에서 유전자의 역할

2) 성샘

- Y염색체 위에 있는 정소결정 유전자(TDF)에 H-Y항원 존재 → 정소발달
- 이 H-Y항원이 없으면 정소가 정상적으로 발달되지 않아 기형이 됨

◆ 지금까지의 결론 ◆

* 성 결정의 기준은 Y염색체의 유무보다 TDF(정소결정유전자)의 유무에 달려 있다. 정상적인 경우에는 TDF가 Y염색체 위에 있다. 성 결정은 TDF뿐만 아니라 TFm과 H-Y항원에 따라 다음과 같은 특징을 가짐

성염색체의 구성	TDF의 유무	결정된 성별	TDF의 위치	X염색체 위의 TFm	H-Y 항원	특징
XX	유	남	X염색체 위			외관은 여자
	무	여	없음			정상적인 여자
XY	유	남	X염색체 위			외관은 여자
			Y염색체 위	정상	유	정상적인 남자
				변형		외부생식기 이상인 남자
					무	정소가 미성숙된 남자
	무	여	없음			외관은 남자

3) 성호르몬

- 부신피질자극호르몬 : 부신에서 안드로겐을 분비하도록 자극
- 안드로겐 : 생식기관 발달과 2차성징 나타나게 함
- 여포자극호르몬 : 에스트로겐, 프로게스테론, 테스토스테론의 분비를 유도하여 생식세포 생산하게 함
- 특히 안드로겐 분비 여부는 원시생식소의 남성화를 결정

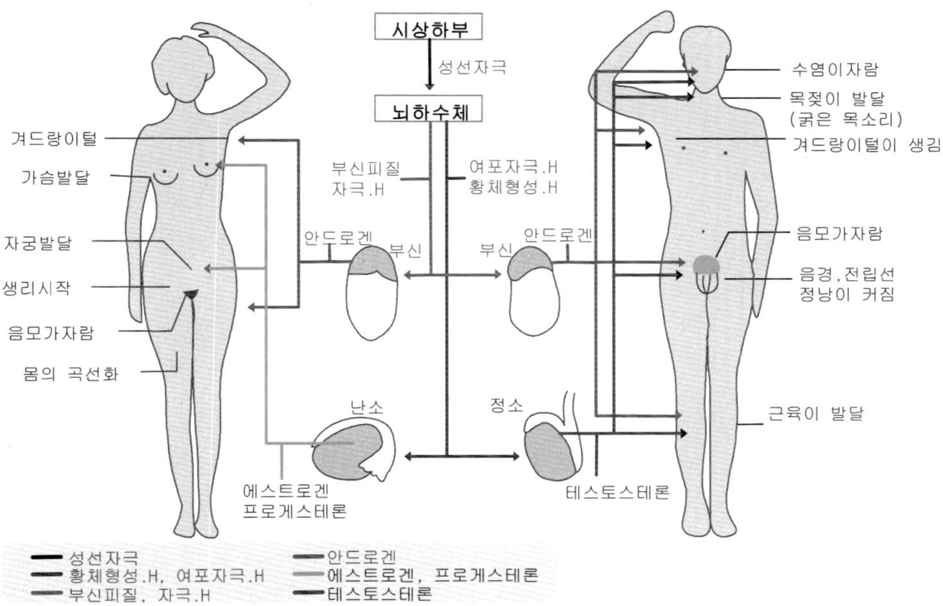

그림 12. 사춘기 때 여자와 남자의 성적 성숙과 신체발달에 영향을 주는 호르몬
(http://biothink.knu.ac.kr/~bioweb/edu/8-3/8-3-4-1.htm 030705)

4) 뇌

- 뇌의 성분화는 유전적인 성과는 독립되어 있고, 생식기의 성과도 무관함

- 태아의 뇌 발달에서

▶ 안드로겐이 정상보다 많으면 여아일지라도 뇌는 남성화 되고,
▶ 안드로겐의 분비가 적으면 남아라도 뇌는 여성화 된다.

3. 성 발달의 이상

1) 원인

(1) 유전자의 이상

■ 성염색체 수의 이상
- **터너 증후군**: 성염색체가 하나 밖에 없다(XO), 난소의 발육이 부진
- **클라인펠터 증후군**: X염색체가 하나 더 많다(XXY). 정소가 점차 퇴화

■ 정소결정유전자**(TDF)**에 이상 : 남자인데도 여자로 보이는 기형

■ 정소성 여성화**(TFm)** 유전자에 이상 : 외부생식기에 정소 조직이 나타남에도 불구하고 외형적으로는 여성화가 되는 간성이 된다.

(2) 성호르몬 이상

- 성호르몬은 생식기의 발육을 촉진하고 그 기능을 유지하며, 또한 남녀의 2차성징을 발현하게 한다.

- 따라서 성호르몬이 정상적으로 분비되지 않으면 성결정이나 성발달에 이상이 나타난다.

(3) 뇌의 이상

- 뇌의 성분화는 임신 4-7개월 사이에 집중되며 출생 후까지 계속된다.

- 이 기간 동안 (여성호르몬이 우세한 자궁 내의 환경에서) 남아는 자신의 정소에서 분비되는 안드로겐에 의해 남성의 뇌로 분화되지만, 안드로겐의 양이 적으면 염색체는 남성이면서도 뇌는 여성화 되어 유전자의 성과 뇌의 성이 달라지는 비극이 생기게 된다.

2) 현상

(1) 성 지향성과 성 정체성

① 성 지향성 **(sexual orientation)**

> • 자신이 어떤 성의 사람에게 성적으로 끌리는 지를 나타내는 용어.
>
> • 이성애 성향이던, 동성애 성향이던 성 지향성은 개인의 의지나 선택과는 상관없이 개인의 내부에 이미 존재하는 성향.

② 성 정체성 (sexual identity)

- 자신이 성적으로나 정서적으로 누구에게 끌리는지의 측면에서 스스로를 어떻게 정의 내리고 생각하느냐 하는 것을 말함
- 성 정체성은 "나는 이성애자야" "나는 동성애자야"라고 본인의 인식이나 의지가 동원된 것이다.

(2) 동성애

① 개념

- 동성애와 이성애 : 성 지향성이 동성에게 있느냐 이성에게 있느냐의 차이
- 이성애 : 성장하면서 생물학적으로 다른 성을 가진 사람에게 사랑을 느끼는 감정
- 동성애 : 같은 성에 대해 육체적 감정적으로 지속적인 강한 매력을 느끼는 감정

② 용어

표 3. 동성애와 관련된 용어

용어		특징
컴잉아웃		동성애자들이 자신의 성 지향성을 공개적으로 알리는 것
동성애자 (homophile)	호모 (homo)	남성 동성애자를 비하시켜 부르는 용어
	게이 (**gay**)	남성 동성애자
	레즈비언 (lesbian)	여성 동성애자
	이반 (二般, 異般)	동성애자들이 일반인들과는 구분되는 뜻에서 자신들을 지칭하는 용어
	퀴어 (queer)	이성애 제도에서 소외된 성적 소수자들을 모두 포함, 즉 남녀 동성애자, 양성애자, 성전환자 등을 말함
트랜스젠더 (transgender)	트랜스젠더 (transgender)	육체적인 성과 정신적으로 느끼는 성이 일치하지 않는 사람
	트랜스섹슈얼 (성전환자, transsexual)	트랜스젠더 중 성전환 수술을 받은 사람

③ 동성애의 원인 : 동성애의 원인을 아직 모르지만 다음의 몇 가지로 추정하고 있음

- 생리학적 요인 : 호르몬의 비조화나 선천적 결함, 동성애 유전자가 있어서 등

- 사회학적 요인 : 타인으로부터 유혹을 받거나 영향을 받아서, 또는 성적으로 장기 간 격리되어서

- 정신적 요인 : 성장과정에서 부모와 자식과의 관계가 정상적으로 이루어지지 못해 심리적으로 이성을 기피

- 기타 : 스스로 매력이 없다고 여기고 돌출구를 동성에게,
  본인의 성 역할을 충분히 하지 못하여 도피,
  취향(기호)으로

(3) 트랜스젠더(transgender)

① 개념

- 자신을 생물학적인 성과 반대 성의 사람이라고 여기며, 현재 자신의 성에 불편을 느끼고 싫어함
- 반대의 성으로 바뀌고자 하는 욕구가 강한 사람
- 육체적인 성과 정신적으로 느끼는 성이 일치하지 않는 것
- 트랜스젠더 중 성전환 수술을 받은 사람을 특히 트랜스섹슈얼 (성전환자, transsexual)로 구분

② 트랜스젠더의 원인

- 선천적 요인설: 유전자의 문제, 성호르몬의 문제

- 후천적 요인설: 유아시기에 가족환경 또는 사회적인 학습 과정
  ⇒ 유아시기에 딸을 아들처럼 과잉 양육
  ⇒ 아들을 딸처럼 과잉 양육
  ⇒ 아버지 무능력 — 아들이 남성이기를 거부
  — 여성으로 되고 싶어함 (Male Transfer Female, MTF)
  ⇒ 아버지의 부재 — 딸 자신이 엄마의 보호자로 인식
  — 남성으로 되고 싶어함(Female Transfer Male, FTM)

- 복합설

③ 성전환

- 성전환수술은 돌이킬 수 없는 변화가 뒤따르므로 자신이 트랜스젠더라고 호소하더라도 수술대상자의 선정에는 엄격한 기준을 두고 있다.

*** 정리**

- 동물의 성 결정은 성염색체와 주변환경 요인에 의해 결정된다.
- 사람의 성 결정에 영향을 미치는 것은 유전자, 성샘, 성호르몬, 뇌이다.
- 유전자, 성호르몬, 뇌에 이상 있는 경우 성 발달의 이상이 생긴다.

*** 토의**

1. 사람의 경우 정상적인 성염색체를 가진 정자와 난자로 태아의 성이 결정되는 원리는?

2. 성 발달에 이상이 생기는 요인 3가지는?

제5장 생식기관

* 학습목표
• 남녀 생식기관이 어떻게 발생하는 지를 안다. • 남녀의 생식기관의 구조와 기능에 대해서 안다.
*** 학습 내용**
1. 남녀 생식기관의 발생 1) 남성 생식기관의 발생 2) 여성 생식기관의 발생 2. 남성 생식기관의 구조와 기능 1) 남성 생식기관의 구조 2) 남성 생식기관의 기능 3) 포경 3. 여성 생식기관의 구조와 기능 1) 여성 생식기관의 구조 2) 내부 생식기관의 기능 3) 외부 생식기관의 기능

1. 남녀 생식기관의 발생

수정되는 순간 유전적인 성은 결정되지만, 발생초기의 태아는 원시 생식소를 가진 중성이다. 그러다가 7주째가 되어 안드로겐이라는 호르몬의 존재 여부에 따라 남성과 여성의 생식기관으로 분화하기 시작한다.

1) 남성 생식기관의 발생

- **남성 생식기관이 분화되는 과정 :**
  정소의 분화 ➡ 테스토스테론 분비 ➡ 여러 가지 남성 생식기관 생성

- 남성에서 비뇨기와 생식기는 발생 과정부터 서로 밀접한 관계가 있으며, 남성 생식기관의 발생과정은 그 과정은 다음과 같다.

- 정소의 분화

▸ **발생 7주**가 된 태아의 Y (또는 X) 염색체 위에 있는 TDF (정소결정 유전자, Testis Determining Factor)가 미분화 생식소(生殖巢, gonad)의 수질(髓質, marrow) 부위를 계속 발육시킴으로서 정소(精巢, testis)를 형성하게 된다.

▸ **안드로겐이 존재하면 남성 생식기관이 발달하게 된다.**

▸ 정소가 만들어지면서 남성 생식기관이 정상적으로 분화하기 위해서는 정소의 레이딕세포(Leydig's cell)에서 생성된 테스토스테론에 의하여 울프관(Wolffiai duct)이 분화한다.

▸ 테스토스테론은 울프관을 **부정소**(副精巢, epididymis), **정관**(精管, vas deference), **정낭**(精囊, seminal vesicle)으로 분화시키는 역할을 한다.

- ▶ 디하이드로테스토스테론은 요생식동(尿生殖洞, urogenital sinus)을 음경, 요도, 전립선으로 분화시키는 역할을 한다.

- ▶ 정소의 세르톨리세포에서 생성된 **항뮬러관 호르몬**(Antimullerian Hormone, AMH)은 **뮬러관(Mullerian duct)**의 **퇴화**를 유도한다.

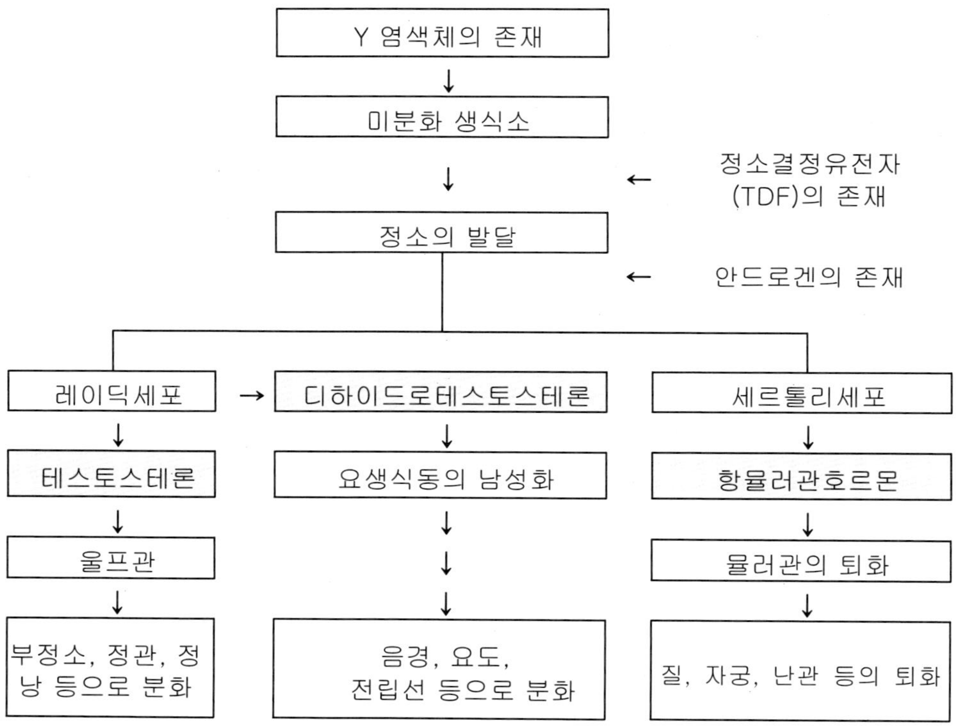

그림 1. 남성 생식기관의 분화 과정

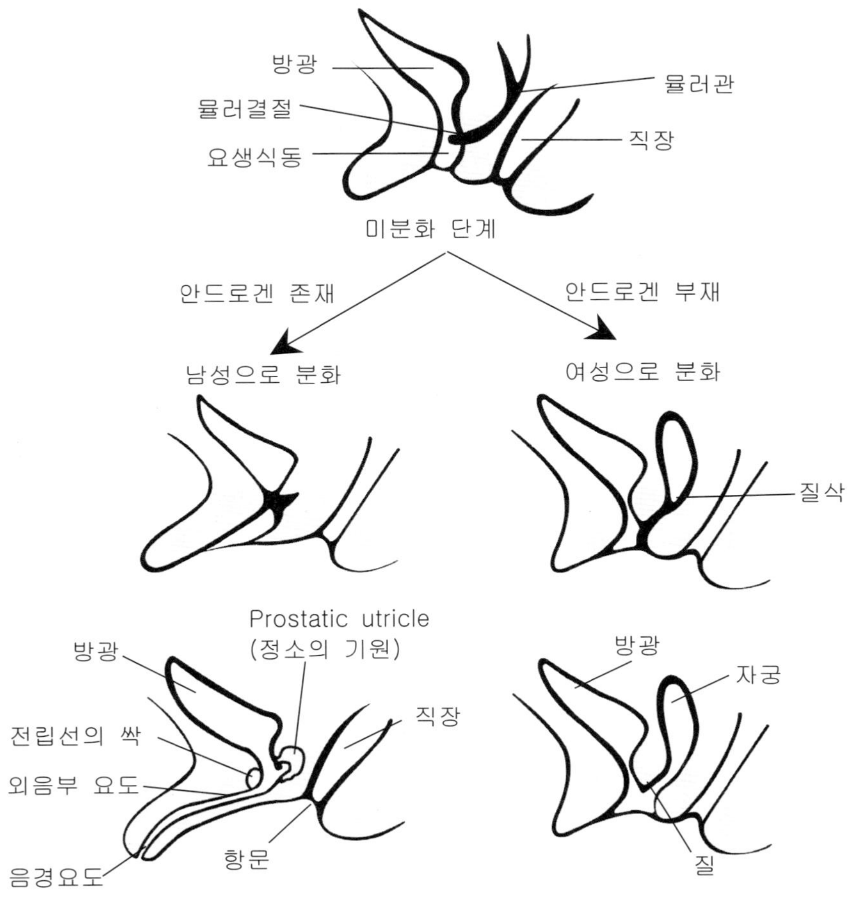

그림 2. 옆에서 본 사람 생식기관의 분화 (http://www.cnuh.co.kr/kckang/FemaleReproductiveMedicine/ch05.html에서 변경 050122).

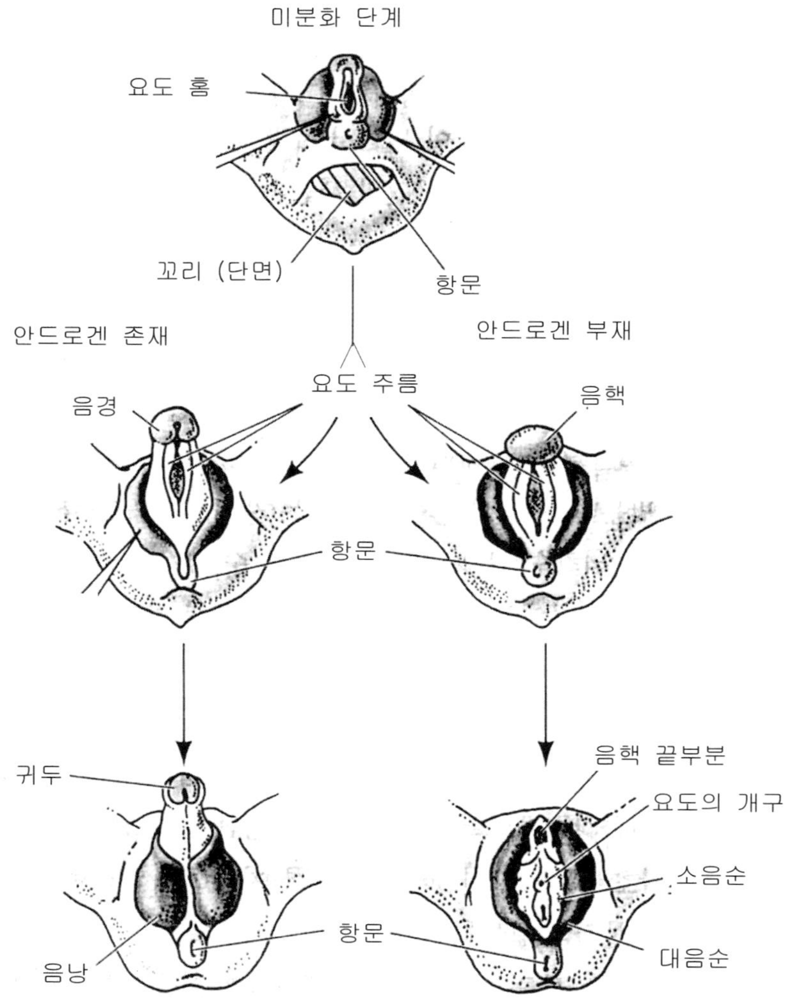

그림 3. 앞에서 본 사람 생식기관의 발달 (이광웅 등, 2003)

2) 여성 생식기관의 발생

(1) 난소의 분화

- 테스토스테론이 존재하지 않기 때문에 울프관이 퇴화되므로 난소가 발달된다.

(2) 울프관의 퇴화

- 만약 태아에서 Y 염색체가 없거나 혹은 정소결정 유전자(TDF)가 없으면 미분화 생식소의 피질 부위가 두드러지게 발달하여 난소(卵巢, ovary)로 분화된다.

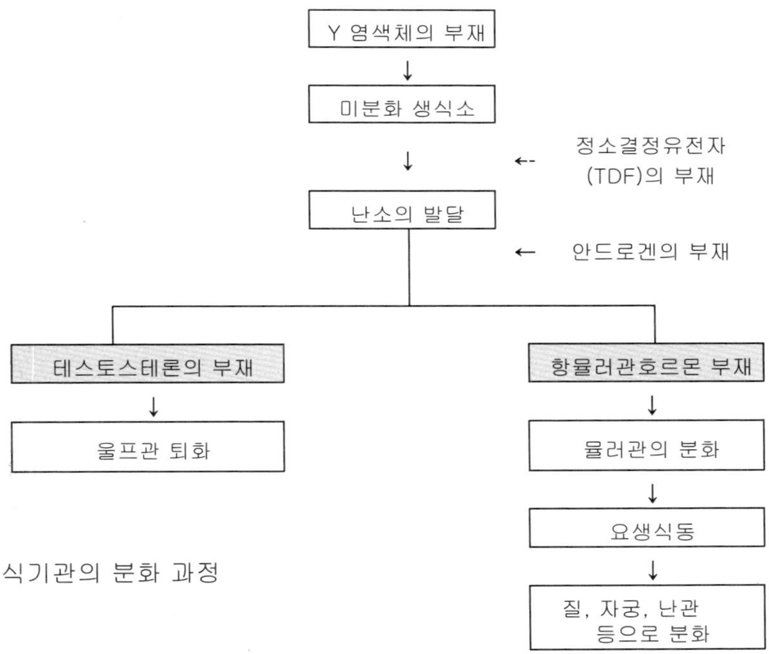

그림 4. 여성 생식기관의 분화 과정

(3) 뮬러관의 분화

- 항뮬러관호르몬(AMH)이 존재하지 않기 때문에 뮬러관(mullerian duct)이 발달되는 과정이다.

- 뮬러관은 다시 요생식동(urogenital sinus)과 융합한다. 융합되지 않은 상부의 뮬러관은 난관으로 분화된다.

- 질**(膣, vagina)**은 발생 **3**개월째에 분화한다. 요생식동(urogenital sinus)은 질판(膣板, vaginal plate)을 형성하고 질판은 속이 막혀 있다. 이 질판에 관형성(canalization)이 일어난다.

- 여성의 생식기 분화는 에스트로겐의 작용에 의하는 것이 아니고 테스토스테론이나 항뮬러관호르몬의 분비가 없기 때문이다.

(4) 여성 외부생식기의 분화

- 여성에서는 테스토스테론의 영향을 받지 않으므로 생식결절은 커지지 않고 그대로 남아 음핵(陰核, clitoris)이 되고, 요생식 주름은 융합되지 않고 그대로 남아 소음순이 되며, 생식융기는 융합되지 않고 그대로 남아 대음순이 된다.

2. 남성 생식기관

1) 남성 생식기관의 구조

- 남성 생식기관의 기능은 정자를 만드는 것과 정자를 여성의 생식기관에 주입시키는 일이다.

- 외부생식기에는 음경(penis)과 음낭이 있고, 내부생식기에는 정소, 부정소, 정관, 정낭, 사정관, 전립선, 쿠퍼선 등이 있다.

표 1. 남성생식기관의 구성

구분	생식기관	
	용어	동의어
외부	음경	
	음낭	
내부	정소	고환, 불알,
	부정소	부고환
	정관	
	정낭	
	사정관	
	전립선	
	쿠퍼선	요도구선
	요도	

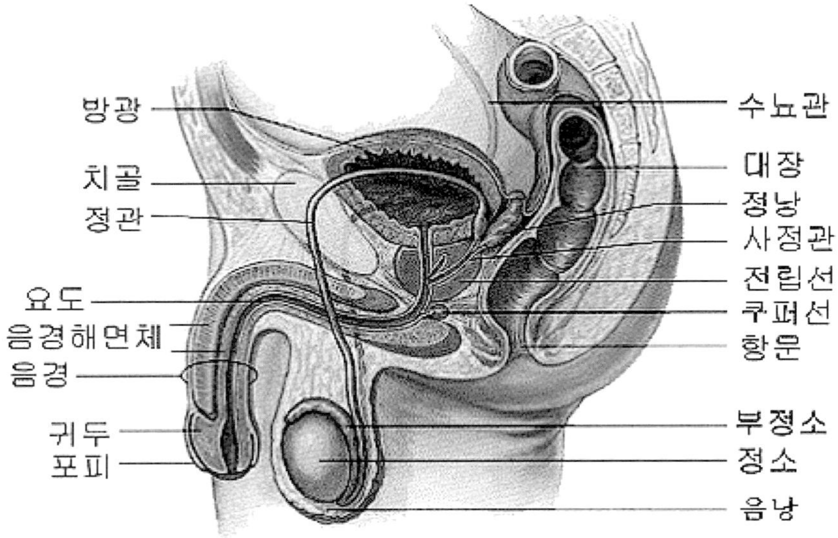

그림 5. 옆에서 본 남성의 생식기관 (http://www.mantrouble.co.kr/main1.htm에서 변형 030701).

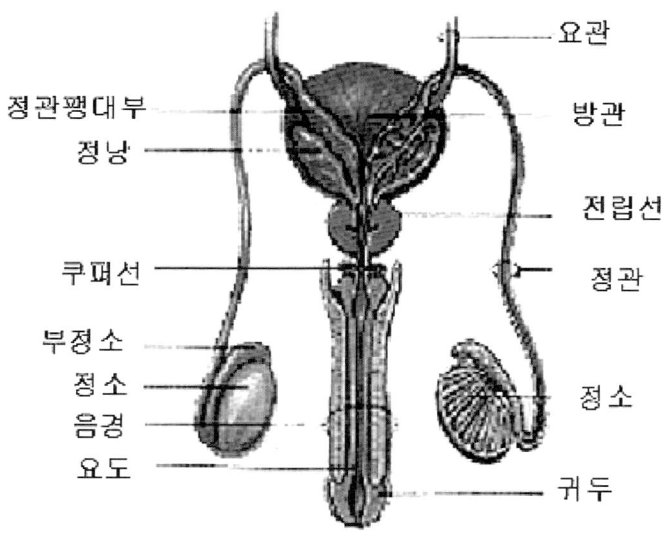

그림 6. 남성 생식기관의 정면도 (http://www.scienceall.com 에서 변형 010919)

2) 남성 생식기관의 기능

(1) 음낭 (陰囊, scrotum)

- 정소와 부정소의 바깥쪽에서 이들을 감싸고 있는 주머니
- 표면에 주름 → 넓은 표면적 → 열을 쉽게 방출
- 날씨가 추울 때에는 수축 → 체온이 전달되도록
  더울 때에는 늘어남 → 열의 발산
  ⇒ 정소의 환경을 체온보다 2~3 ℃ 낮게 유지 → 정소의 온도조절장치

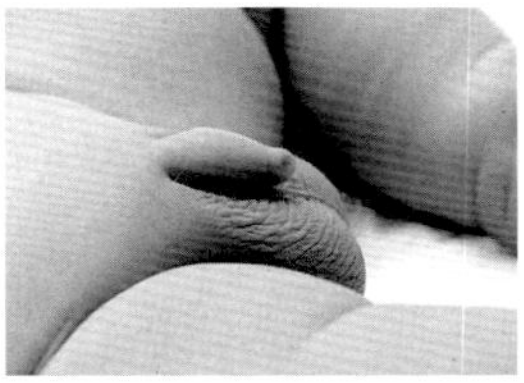

(2) 정소 (精巢, testis)

- 정자가 만들어지는 정소는 여성의 난소에 해당. 고환(睾丸) 또는 불알이라고도 한다.
- 두개가 있고 왼쪽 것이 커서 약간 밑으로 쳐져 있다.
- 출산 직전에 음낭 안으로 고환내림 한다. 그렇지 않은 잠복고환은 불임
  정소는 체온보다 2~3 ℃ 낮게 유지되어야 정자의 생산이 원활
  → 삼각팬티보다는 사각팬티가 정자생산에는 좋다.
- 정소의 2가지 주요기능은 정자와 성호르몬의 생산이다.
- 정소의 구성: 정소소엽 - 세정관(정자를 만들어내는 가늘고 긴 관) - 정소망 - 부정소
- 정소에서 약 65~70일 걸려 정자가 만들어진다.

• 세정관과 세정관 사이의 좁은 틈에 있는 간질세포는 남성호르몬인 테스토스테론을 분비
• 정소를 제거하면 고자가 된다.

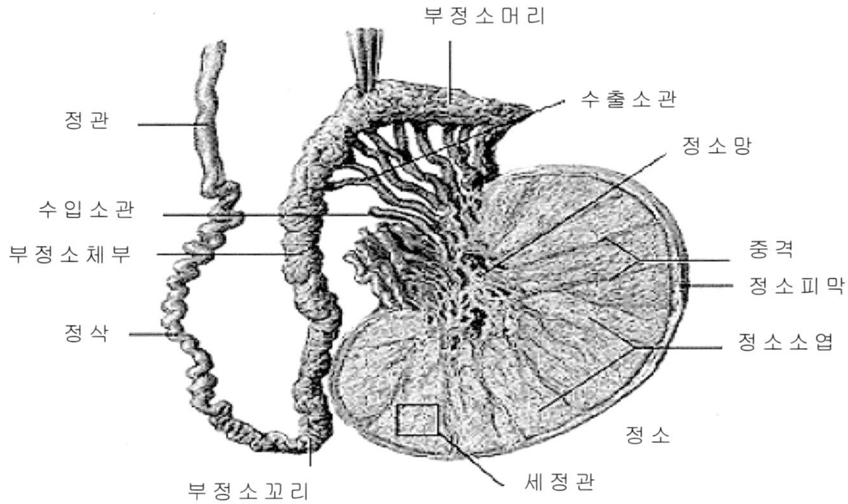

그림 7. 정소의 단면도(http://www.holopia.net/sex/sexdoctor/sex-shape-m3.htm 에서 변경 030706).

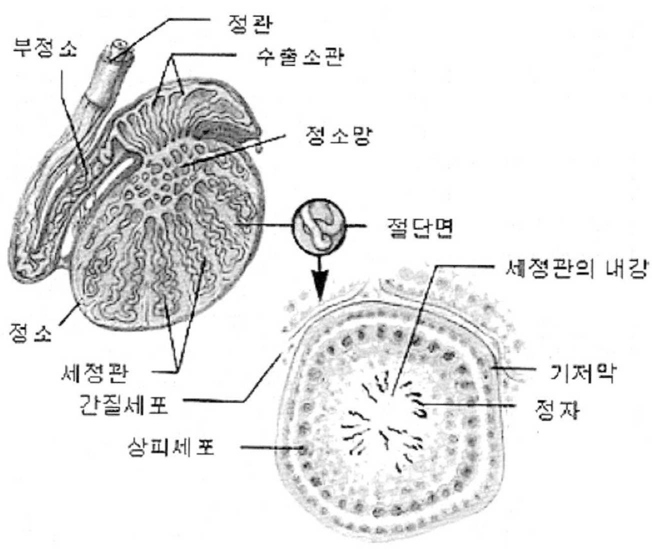

그림 8. 정소와 세정관의 구조 (http://../chamgo03.htm 030521).

(3) 부정소

- 부고환이라고도 한다.
- 정소의 세정관들이 모여 부정소에 연결
- 부정소에서 분비되는 물질 때문에 정자는 활발한 운동성을 띠기 시작
- 정자를 저장하며, 죽은 정자를 흡수하여 처리

(4) 정관

- 좌우 부정소에서 요도까지 이어지는 관
- 정자의 이동통로
- 정관의 내면은 주름과 근육층이 정자의 운반을 도움
- 정관을 절제하면 영구피임 가능

(5) 정낭

- 정관에 붙어 있는 주머니
- 정낭의 분비액은 사정액의 2/3를 차지
- 윤활유 역할, 과당도 포함되어 있으며 이것은 사정된 정자에게 영양을 제공
- 알칼리성 액체도 분비
- 정자를 저장하는 데는 사용되지 않고, 정액(semen)의 대부분을 만들어 낸다.

(6) 사정관

- 정관과 정낭의 관이 합쳐지면서 형성되는 관
- 사정관은 전립선 안으로 들어가 전립선 요도와 만남
- 평소에는 폐쇄되어 있다가 사정할 때는 개방됨

(7) 전립선

- 요도를 감싸듯 위치해 있다.
- 정액을 만드는 곳
- 분비하는 스페르민이라는 물질: 유백색, 특유의 냄새, 알카리성
  → 요도 내부를 중화, 질 내의 강한 산성을 중화
  → 사정된 정자가 생존하도록
- 정액의 약 1/3을 제공
- 전립선의 분비액과 정낭분비액이 합쳐져서 정액

(8) 쿠퍼선

- 요도구선이라고도 함
- 정자가 요도를 지나갈 수 있도록 분비물을 만듦
  - 알칼리성, 무색투명 → 사정에 앞서 요도의 내부를 깨끗이 하고 귀두가 젖게 되어 삽입할 때 윤활 작용.

(9) 요도

- 음경의 한가운데를 통과
- 소변과 정액을 배출하는 두 가지 역할

(10) 음경

- 성교시 발기를 일으켜 질에 정자를 넣어주는 역할
- 체부와 귀두로 구성
- 체부는 조직층과 해면체로 구성
- 음경은 해면체로 되어 있어 발기하게 되면 충혈되어 부풀어 올라 딱딱하게 된다.
- 귀두 뒤쪽의 짤룩한 부분: 많은 신경세포가 분포해 있어 자극에 매우 민감
- 포피(包皮, praeputium): 성인 남성에서 쉽게 뒤로 물러난다.

• 발기하지 않았을 때 음경의 길이는 약 8~10cm로 크기는 다양
• 발기하면 1.5배~2배로 되면서 놀라울 정도로 그 크기가 비슷

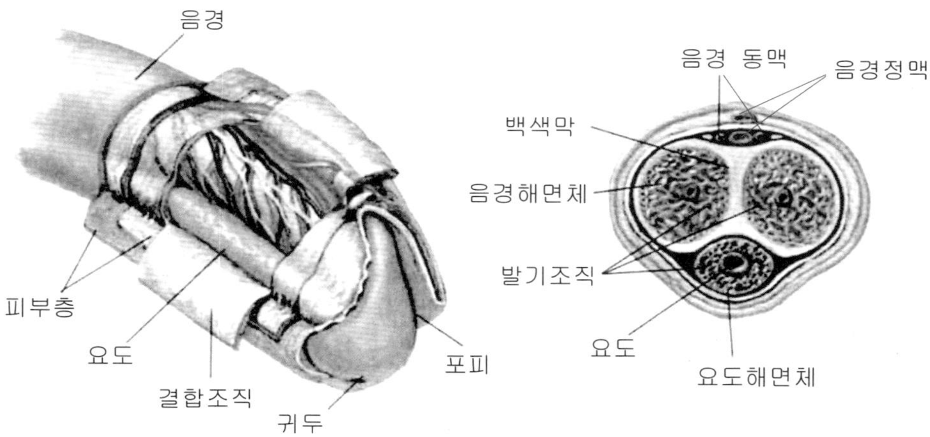

그림 9. 음경의 구조 (추영국 등, 2003).

3) 포경

(1) 정의

• 성인이 되어도 음경을 덮고 있는 포피가 뒤로 벗겨지지 않은 상태

(2) 불편한 점

• 성행위에는 지장이 없지만, 단지 성교시에 쾌감이 줄어든다.
• 귀두와 포피 사이에 이물질이 끼어서 병에 걸리기 쉽다.

(3) 포경수술

• 포경수술은 귀두부를 덮고 있는 포피(包皮)를 제거함으로 감춰진 귀두를 드러내는 수술

- 귀두를 덮고 있는 포피가 너무 꽉 조이는 진성포경의 경우에는 꼭 포경수술을 해야 함

- 수술시기: 신생아 포경수술에 대해 논란 있음, 자신이 수술의 필요성을 느꼈을 때

그림 10. 포경수술방법(추영국 등, 2003)

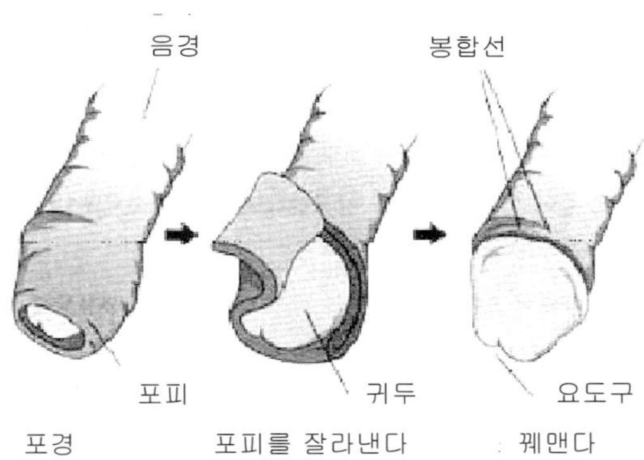

(4) 포경 수술의 실태

- 우리나라에서 빠른 속도로 감소하고 있는 추세
  영국 5.6%, 덴마크, 스웨덴, 노르웨이의 경우 1~2% 정도이다.
  미국 1999년도에 55%, 캐나다 1986년도에 5.3%

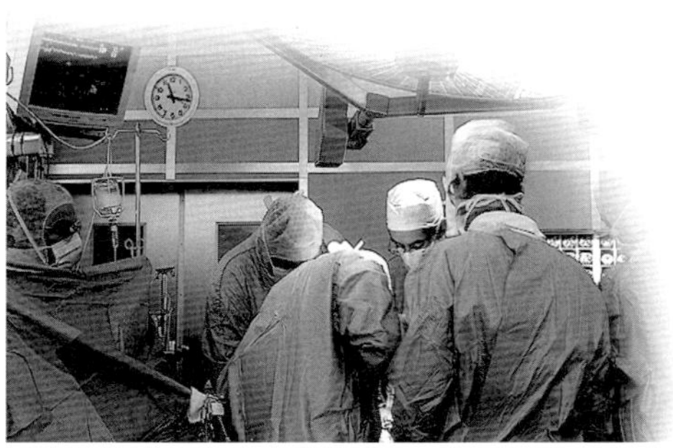

(5) 부작용

- 매우 드문 사례이기도 하지만 음경이 거의 모두 잘려 나간 경우, 심한 상처가 생긴 경우, 성기의 포피를 전부 벗겨낸 경우

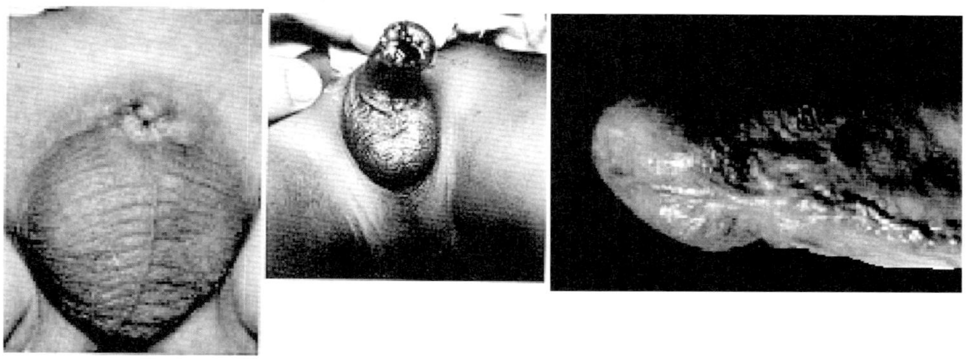

그림11. 포경수술의 부작용으로 인한 사례 (http://my.netian.com/~hwaja505/ hwimage/ mutil1.JPG - multi4.JPG 030701)

3. 여성 생식기관

1) 여성 생식기관의 구조

- 기능 : 난자 생산, 정자를 받아들여 수정, 태아를 출산
- 남성의 것보다 훨씬 복잡
- 난자가 생성되어 이동하는 경로를 따라 크게 내부와 외부 생식기로 구분

표 2. 여성생식기관의 구성

구분	생식기관	
	용어	동의어
내부	난소	
	난관	수란관, 나팔관
	자궁	
	질	
	처녀막	
외부	치구	
	대음순	
	소음순	
	음핵	클리토리스(clitoris)
	요도구	
	질입구	질구
	외음질선	바르톨린선 (Bartholon's gland)
	회음	

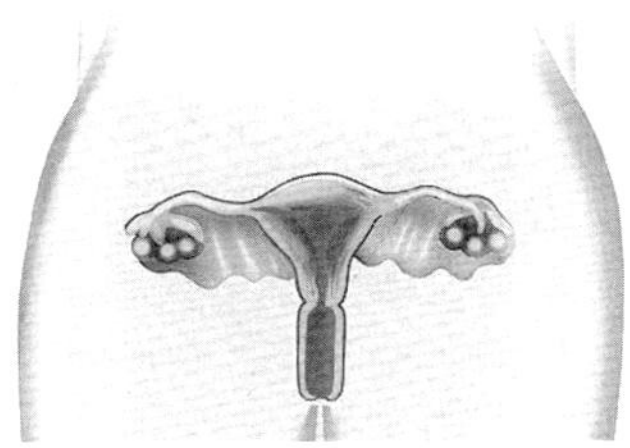

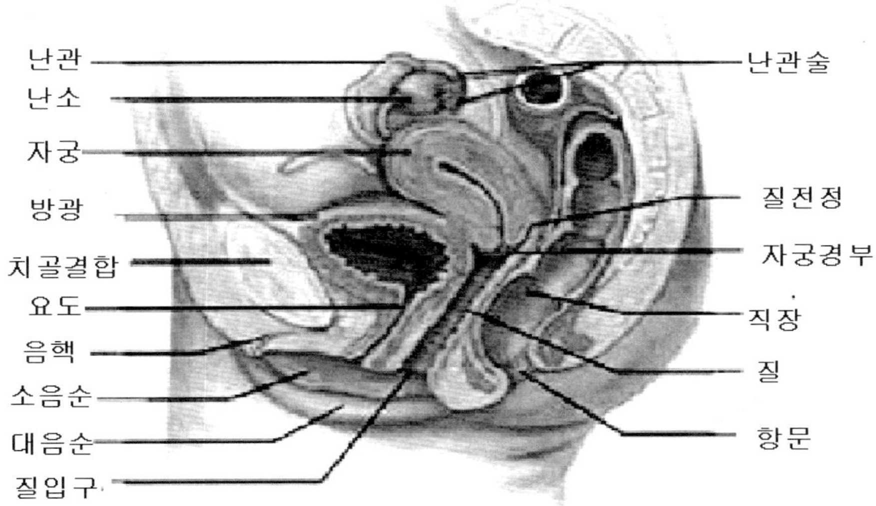

그림 12. 옆에서 본 여성 생식기관의 구조

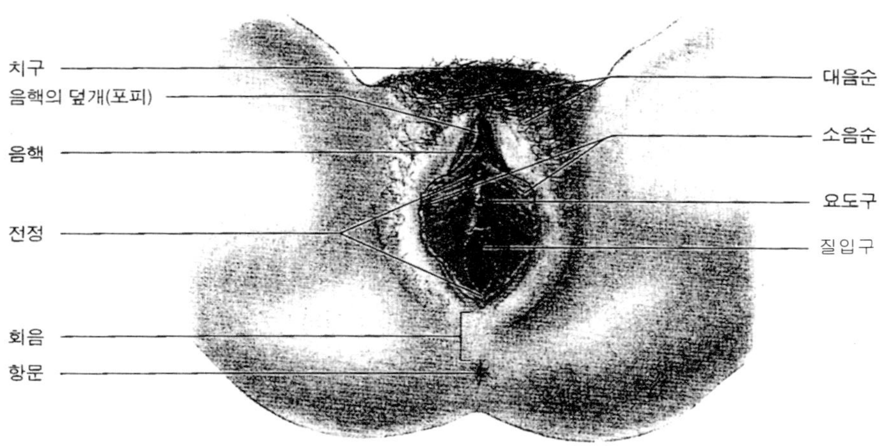

그림 13. 여성의 외부생식기(김은수 등, 2008).

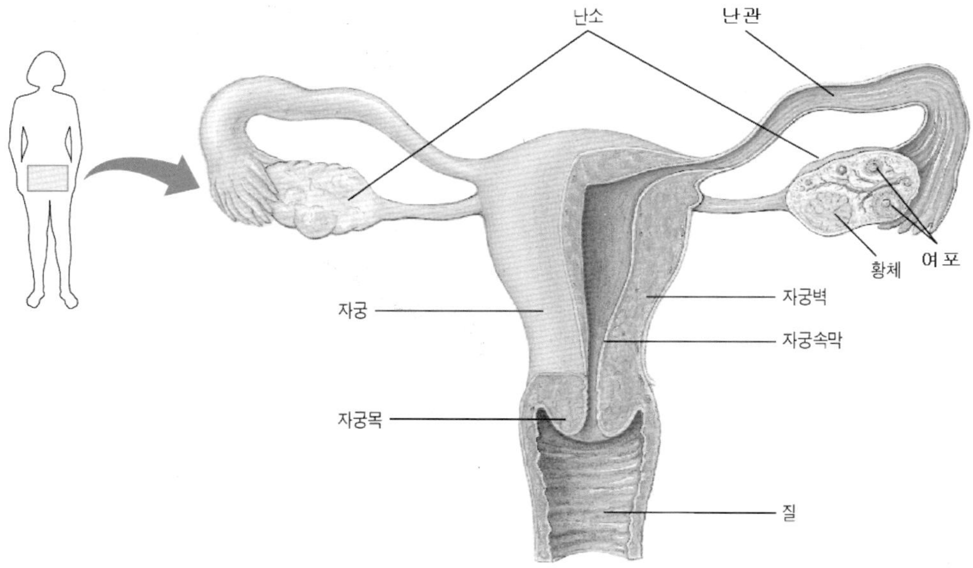

그림 14. 자궁과 난소 (http://youth.co.kr/re/re05090.htm 030705)

2) 내부 생식기관의 기능

(1) 난소

- 출생시 2개 난소에 총 200만개의 제1난모세포 → 성장하면서 차츰 감소 → 성인이 되면 400~500개로 줄어듬
- 좌우 1쌍으로 작은 밤 크기
- 난자의 보관 · 성숙 · 배란, 여성호르몬인 에스트로겐과 프로게스테론을 분비
- 월경주기가 28일 경우, 자궁으로 보면 평균 28일에 한 개의 난자가 배출, 한 쪽의 난소로 보면 평균 56일에 한개씩 배출되는 셈

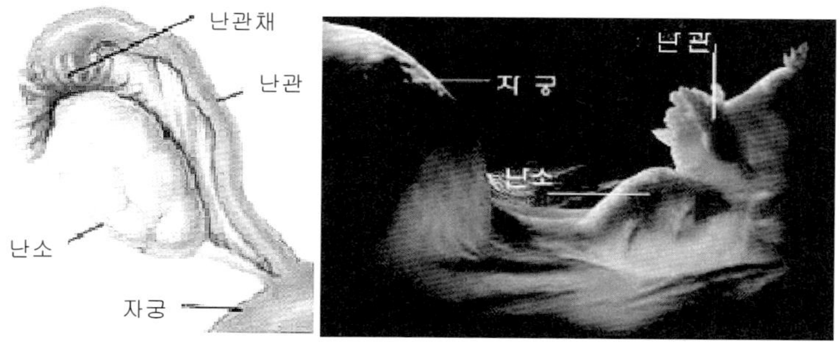

그림 15. 난소의 구성도와 난소의 모양 (http://www.ok1318.pe.kr/data/nanso.htm 030703)

(2) 난관

- 자궁과 난소를 연결해 주는 관, 10cm정도의 관
- 수란관 또는 나팔관이라고도 함
- 난세포가 자궁으로 운반되는 통로이며 수정이 일어나는 장소
- 안에 붙어있는 섬모가 난자를 자궁으로 이동하도록 도와준다
- 주로 난관 끝 쪽 약 1/3부분에서 수정이 일어난다
- 난관의 앞쪽 끝부분을 특별히 난관채(난관술, fimbriae)라고도 한다.

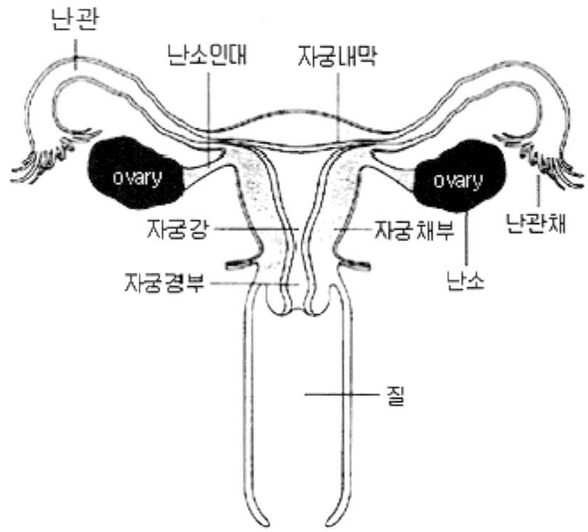

그림 16. 앞에서 본 여성 생식기관의 구조.

(3) 자궁

- 자궁(子宮, uterus)은 아기의 궁전이라는 뜻. 아기집이라고도 한다.
- 어른 주먹만한 크기
- 수정란이 착상하여 성장하는 장소
- 두꺼운 조직층으로 구성

(4) 질

- 질(膣, vagina)은 외부에서 자궁으로 들어가는 현관
- 원통형 관 모양, 정자가 들어가는 길, 태아가 출산되는 통로
  아기 머리가 나올 수 있을 만큼 매우 신축적
- 낙산균이라는 균이 공생 → 강한 산성 → 세균의 감염을 방지
- 질의 안쪽으로 1/3되는 지점의 앞쪽에 성적 쾌감을 강렬하게 느끼는 부분 (G spot)이 있음
- 안쪽은 매우 둔감

(5) 처녀막

- 질의 입구를 부분적으로 막고 있는 피부막
- 가운데 구멍이 있어 분비물이 나온다.
- 그 크기와 모양은 다양
- 성교, 탐폰(삽입식 생리대) 사용, 승마, 스키, 스케이트 또는 과격한 운동으로 파열 → 처녀막의 유무로 처녀성을 판단하는 것은 비과학적

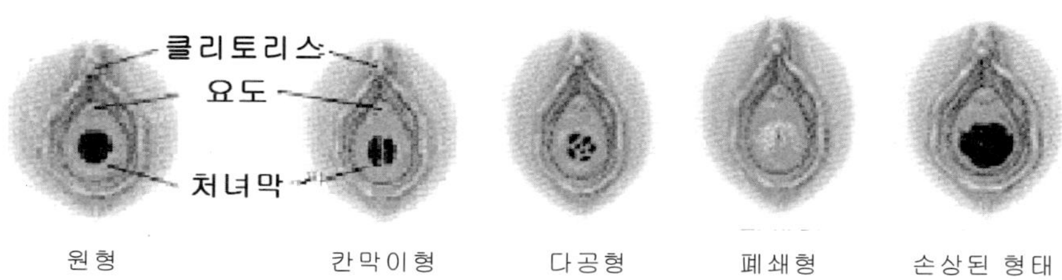

그림 17. 처녀막의 유형
(http://www.welcomenight.com/html/hymenoplastyr.htm, 030427)

3) 외부 생식기관의 기능

(1) 치구

- 골반을 보호
- 사춘기가 되면 성호르몬의 영향으로 이곳에 음모(陰毛)가 자라기 시작

(2) 대음순

- 치구에서 항문에 이르는 두 개의 큰 주름
- 소음순 바깥쪽으로 융기된 지방조직, 소음순의 상부를 감싸고 있다.
- 외측이 음모로 덮여 있는데, 여기에는 아포크린선(apocrine gland)이 있고 여기에서 나오는 냄새는 남성의 성욕을 자극한다. 아포크린선은 외음질선(바르톨린선)과 다르다.

(3) 소음순

- 대음순 사이에 있는 작은 주름이다.
- 음모가 없지만 색소는 풍부
- 신경말단이 집중되어 있어 민감한 성감대이며 성적 자극을 받으면 팽창

(4) 음핵

- 소음순 사이의 작은 돌기
- 남성의 음경에 해당
- 신경조직이 발달, 매우 민감, 혈관의 다량 분포, 성적자극이 오면 혈액이 몰려와 크고 딱딱해지고 2배로 커진다.
- 여성은 일반적으로 질과 음핵에서 서로 다른 타입의 성적 쾌감을 분리하여 경험할 수 있다.

(5) 요도구

- 요도구(尿道口)는 음핵과 질구의 중간
- 소변이 배출

(6) 질입구

- 질의 입구로 요도구 아랫부분에 열려있는 부드러운 점막

(7) 외음질선(바르톨린선)

- 소음순 안쪽 질입구의 아래에 양측으로 두개가 있다.
- 오르가즘 직전에 한두 방울의 체액이 나온다(김은수 등, 2008). 나이가 들면 이 샘은 위축되어 분비액이 줄어든다(하재청 등, 2003).

(8) 회음

- 음순과 항문사이

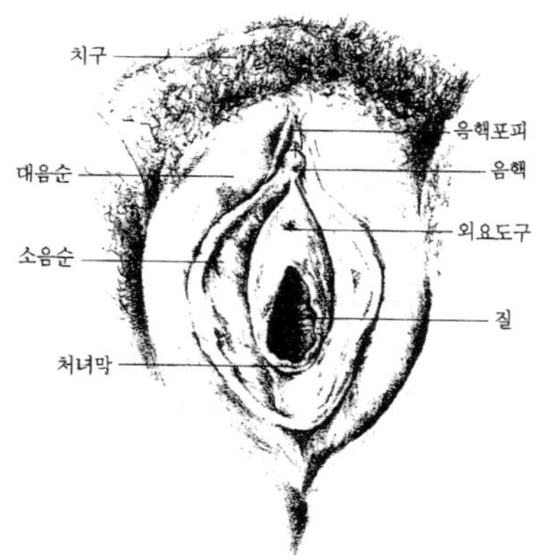

그림 18. 여성의 외음부(오영근, 1996)

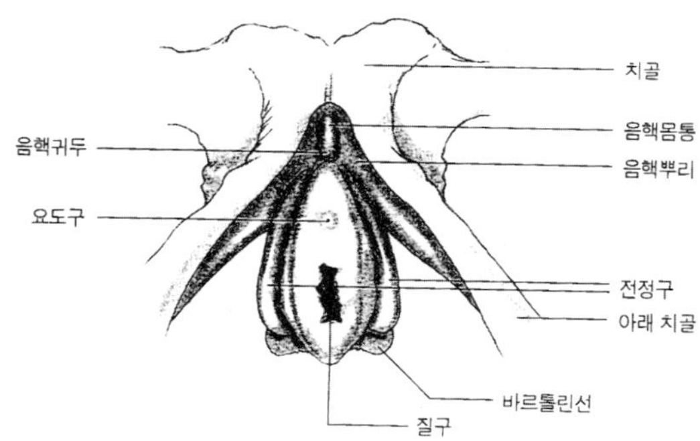

그림 19. 외음부 아래의 구조(김은수 등, 2008)

*** 정리**

- 수정되는 순간 유전적인 성은 결정되지만, 발생초기의 태아는 원시 생식소를 가진 중성이다. 그러다가 7주째가 되어 안드로겐이라는 호르몬의 존재 여부에 따라 남성과 여성의 생식기관으로 분화하기 시작한다.

- 정소는 정자와 호르몬을 생산한다.

- 난소는 난자의 성숙과 배란 그리고 호르몬을 생산한다.

*** 퀴즈**

1. 정소의 역할 두 가지는?

2. 난소의 역할 두 가지는?

제6장 정자와 난자 그리고 성호르몬과 월경

*** 학습목표**

- 정자의 구조와 이동 경로를 안다.
- 난자의 생산과정과 특징을 안다.
- 남녀 성호르몬과 월경에 대해서 안다.

*** 학습 내용**

1. 정자
   1) 생산 2) 생산조절 3) 구조
   4) 특성 5) 이동 6) 정액과 정자

2. 난자
   1) 생산 2) 특징 3) 난자와 정자 생산의 차이

3. 성호르몬과 월경
   1) 성호르몬 2) 남성호르몬 3) 여성호르몬과 월경주기

1. 정자

1) 정자의 생산

- 정소의 세정관 벽에서 생성

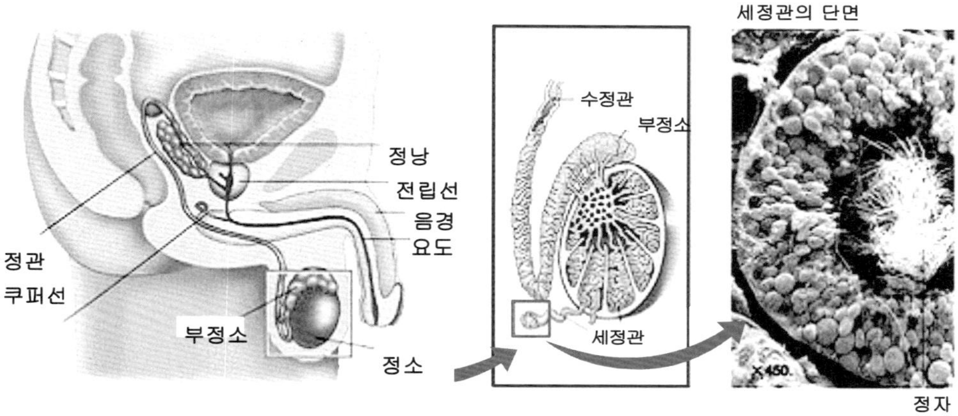

그림 1. 남성생식기관과 세정관
(http://210.179.14.131/study/ch_1/ch1_4_3_3.htm 에서 변형, 050102)

- 정원세포(2n) → 제1정모세포(2n) → (감수분열) → 제2정모세포(n) → 정세포(n) → 정자
- 세르톨리세포(Sertoli cell)로부터 영양을 받아 변태하여 정자가 됨

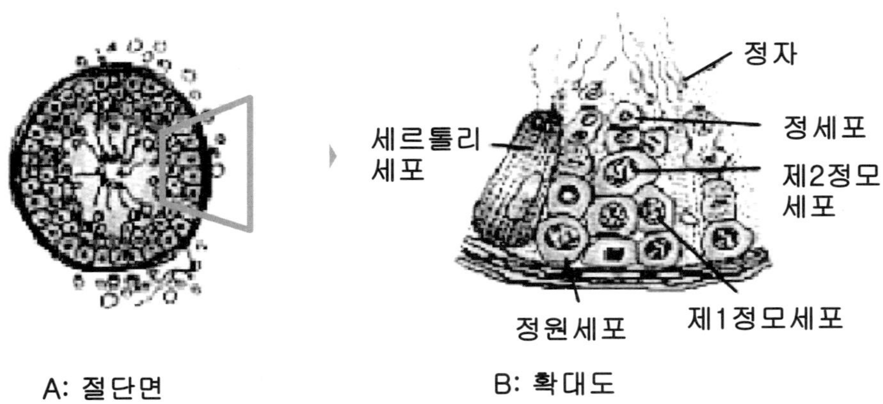

그림 2. 세정관의 단면(A)과 그 확대도(B)
(http://comsec. chongju-e.ac.kr/ ~inara/ 7/6/ exec/2540/1-2-2.htm에서 변형 030712)

2) 정자의 생산조절

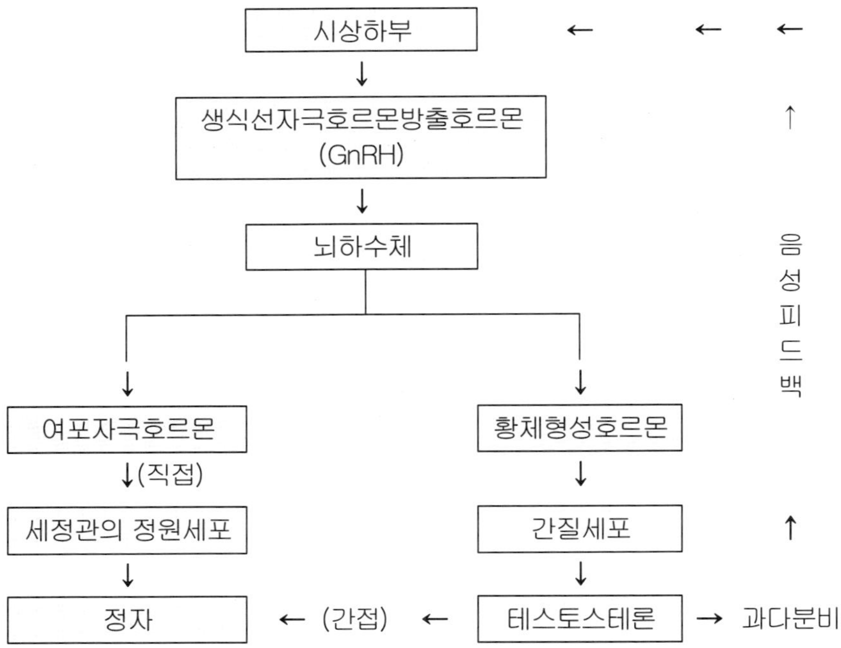

그림 3. 호르몬의 작용과 정자의 생산.

3) 정자의 구조

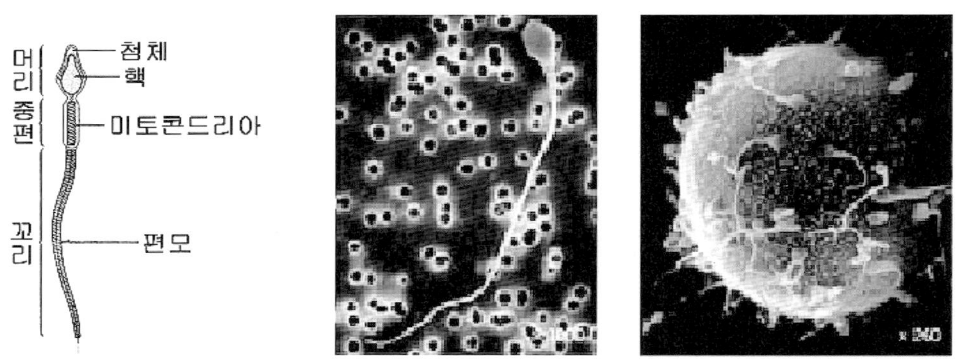

그림 4. 정자(A, B)와 난자를 둘러 싼 정자
(http://210.179.14.131/study/ch_1/ch1_4_3_3.htm 050102)

4) 정자의 특징

표 1. 정자의 특징

항목	특징	
생성	세정관의 벽	
	머리	첨체: 난막을 융해시키는 효소
		핵: 유전자
	중편	중심립
		미토콘드리아: 에너지 공급
		세포질
	꼬리	편모: 운동
생성소요기간	65~70일	
수명	여성체내에서 4±1일	
적합온도	30~35℃	
pH	산성에 약하고, 알칼리성에 강함	
운동속도	3mm/min, 난관까지 도달하는데 2~4시간	

5) 정자의 이동

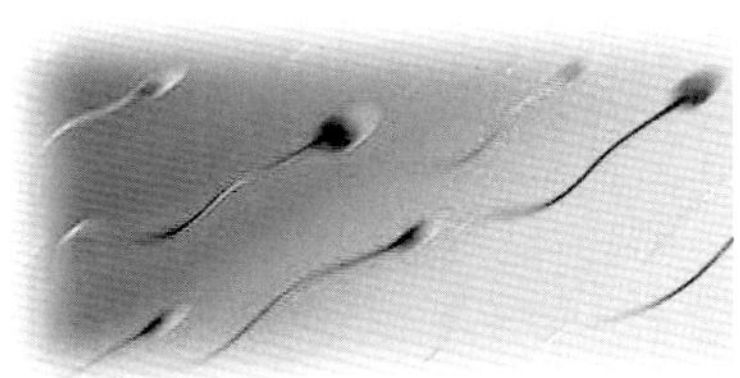

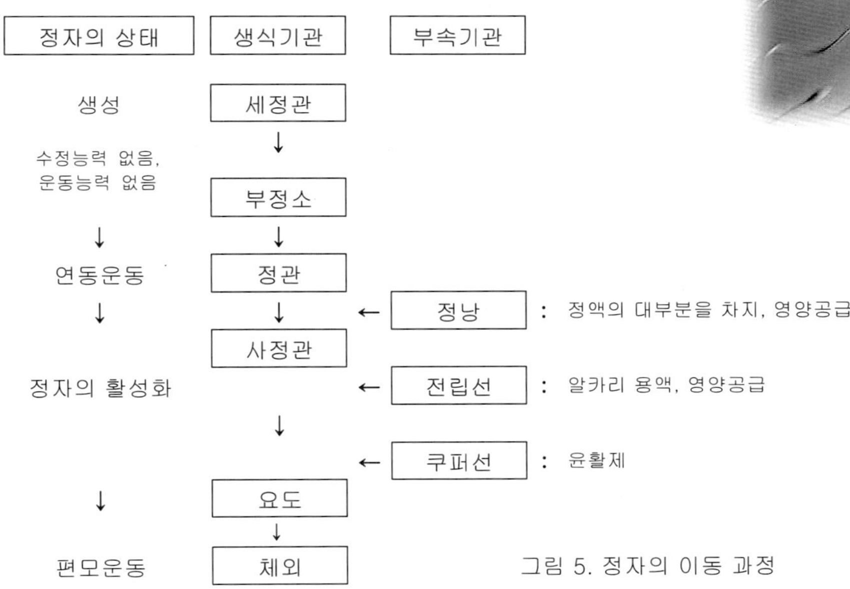

그림 5. 정자의 이동 과정

6) 정액과 정자

표 2. 정자와 정액의 비교

항목	정자	정액	
구성	정자 (세포)	정자	세포
		점액	정낭액, 전립선액, 쿠퍼선액
성분	고형성분인 정자	고형성분	5%: 정자
		무형성분	95%: 수분, 단백질, 효소, 무기염류, 당류
호르몬	없다	없다	
색깔		우유색	
냄새		밤꽃 냄새	
1회 사정	2-5억마리	2-5cc	

2. 난자

1) 난자의 생산

- 난소에서 난원세포(2n) → 제1난모세포(2n) → (감수분열) → 제2난모세포(n) → 배란 → 수정되면 난자(수정란)

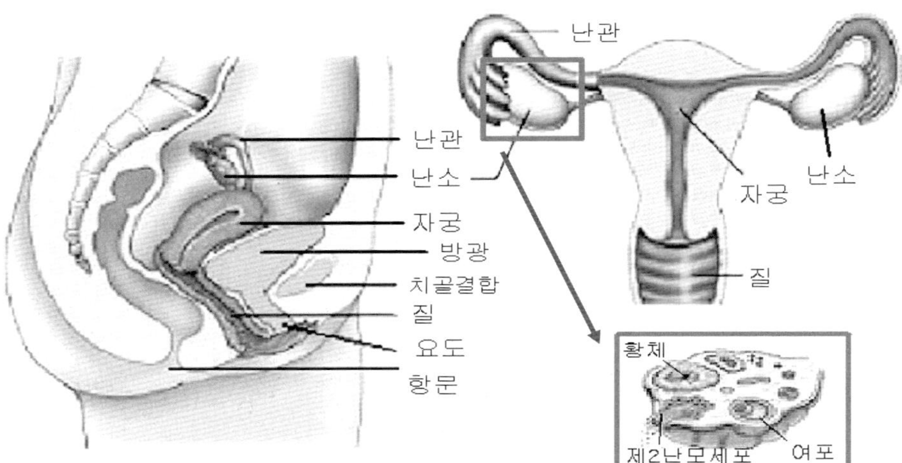

그림 6. 여성의 생식기관과 난소의 확대
(http://210.179.14.131/study/ch_1/ch1_4_3_3.htm 050102)

표 3. 여성의 성장 시기와 난자의 상태

시기		세포 상태	개수(난소 2개 합쳐서)
15-20주의 태아		난원세포	약 600만개
출생 시		제1난모세포	약 200만개
7세		제1난모세포	약 20만개
사춘기		제1난모세포	약 4만개
성인	난소	성숙되면 제1난모세포	400-500개
	배란	제2난모세포	1개씩
	수정	난자	1개의 난자 + 1개의 극체

* 400개 ÷ 13개(1년) = 31년, * 500개 ÷ 13개(1년) = 38년

* 용어: 배란된 제2난모세포가 난자로 되는 데에는 정자의 자극(수정)이 필요하다. 그러나, 난소에서 배란된 제2난모세포를 수정되기 전이라도 일반적으로 난자라고 한다.

그림 7. 정자와 난자의 형성

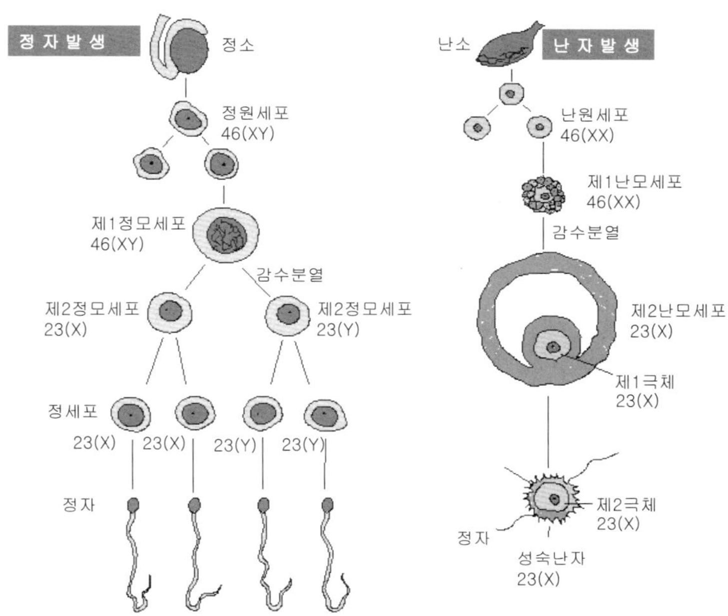

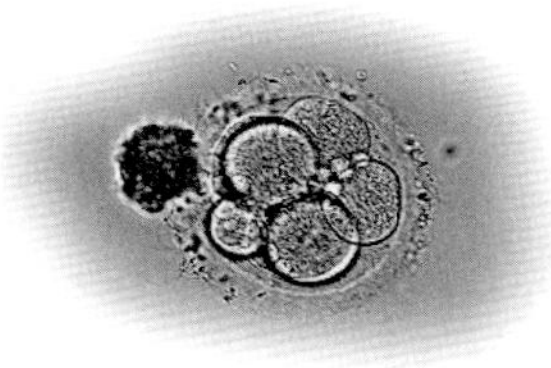

2) 난자의 특징

표 4. 난자의 특징

항목	특징
생성	난소
구조	핵 : 유전자
	세포질
	난막
크기	약 120 ㎛
수명	1일 (+1일)
이동	난소 → 난관채 → 난관 → 자궁 → 착상 또는 질 (난관의 섬모운동에 의하여 헹가래 하듯이)

3) 난자와 정자 생산의 차이

- 여성은 출생 시 한꺼번에 평생 동안의 난자를 모두 가지고 태어나지만, 남성은 정자를 조금씩 평생 동안 새롭게 만들어 낸다.

표 5. 정자와 난자의 생산의 차이

조건	정자	난자
1개의 모세포로부터 분열되는 갯수	4개	1개 (3개의 극체)
갯수	계속 생산	400-500개
성숙	자극 없이	수정

3. 성호르몬과 월경

1) 성호르몬

- 시상하부의 생식선자극호르몬 방출호르몬
  (Gonadtrophin Releasing Hormone, GnRH)
  → 뇌하수체 전엽을 자극
  → 부신피질자극호르몬, 여포자극호르몬, 황체형성호르몬
  → 부신, 난소 또는 정소
  → 남녀에 따라 공통 또는 다른 호르몬이 분비

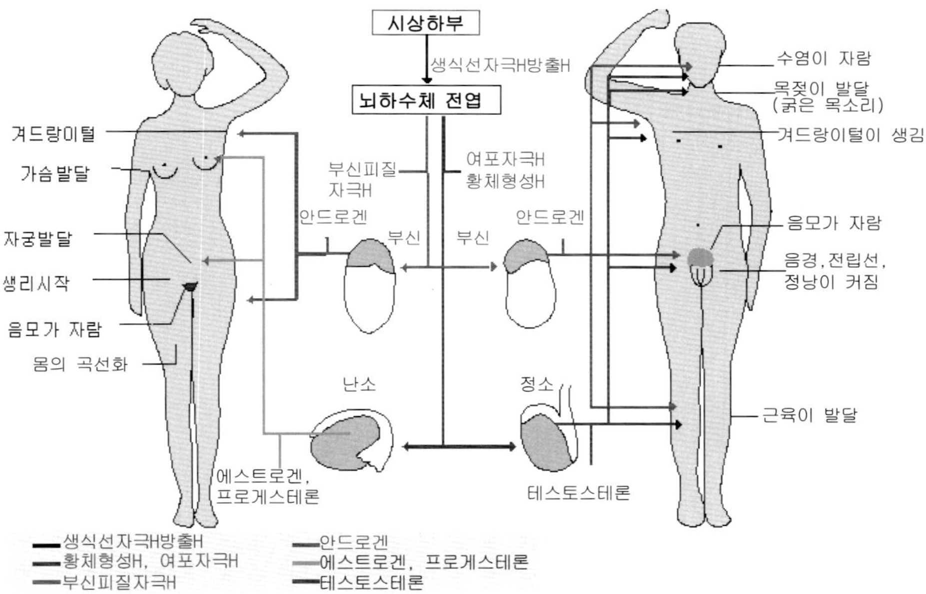

그림 8. 남녀의 성적발달에 영향을 주는 호르몬
(http://biothink.knu.ac.kr/~bioweb/edu/8-3/8-3-4-1.htm 030705)

■ 성호르몬은 성선(性腺, 성샘)을 자극하는 호르몬으로 여포자극호르몬 (FSH)과 황체형성호르몬(LH)이다.

■ 이 2가지 호르몬은 난소와 정소에 각각 작용하여 다른 종류의 성호르몬을 분비

정소에서 생산되는 주요 성호르몬은 테스토스테론이고, 난소에서는 주로 에스트로겐과 프로게스테론이 생성.

■ 이들 성호르몬은 남성과 여성 모두에서 분비
(태어날 때부터 여성호르몬과 남성호르몬을 함께 가지고 있음)
사춘기 이전까지는 혈액 속에 같은 농도를 유지
사춘기에 이르면 여자에게는 여성호르몬이, 남자에게는 남성호르몬이
급격히 증가하여, 남녀간에 각각 다른 육체적 특성을 보이게 됨

■ 남성과 여성의 호르몬 차이는 종류의 차이가 아니라 분비되는 호르몬 비율의 차이

2) 남성호르몬

■ 남성호르몬: 정소호르몬이라고도 함

■ 뇌하수체에서 여포자극호르몬과 황체형성호르몬이 분비→ 여포자극호르몬은 정자형성에 영향을 미치고 황체형성호르몬(남성에서는 간질세포자극호르몬이라고도 함)은 테스토스테론의 분비를 촉진

표 6. 남성호르몬의 종류와 특징

종류			특징
안드로겐			남성호르몬의 역할을 하는 호르몬을 총칭. 테스토스테론이 대표적. 안드로겐은 발생초기에 태아의 성 분화에 관여
테스토스테론	성질		안드로겐의 대표적인(85%) 호르몬
	기능		2차 성장, 생식기관의 기능, 정자형성, 성기능 등 담당
	생성		주로 정소에서, 난소와 부신피질에서 소량
	조절		여포자극호르몬과 황체형성호르몬의 지배받음
	전환		아로마타제라는 효소에 의해 에스트로겐으로 전환
	감소	시기	20세 후반부터
		원인	노화, 심리적
		현상	성욕감소, 발기부전, 정액감소
	과다	현상	남성은 대머리(모발의 성장을 방해), 여성은 코밑수염

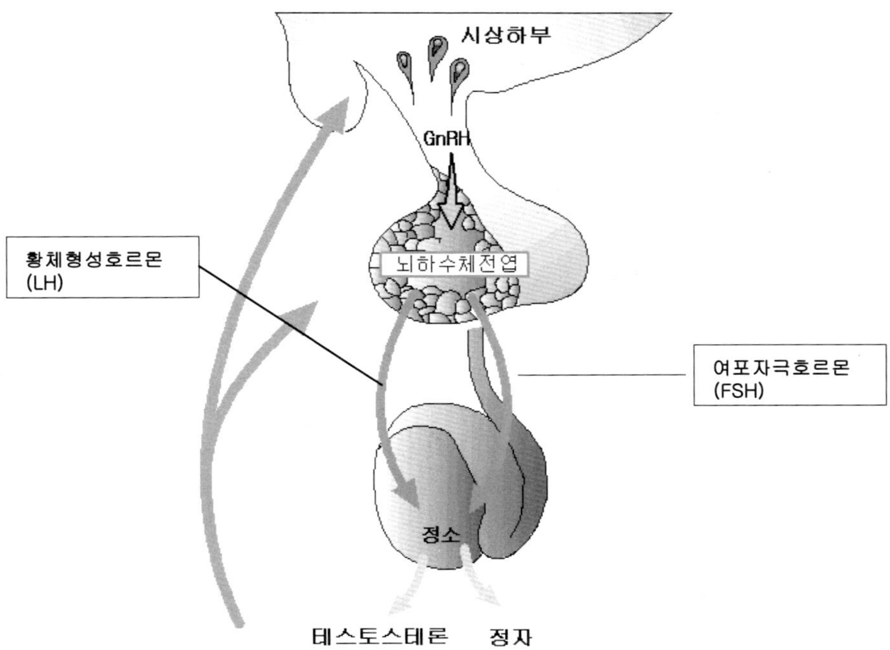

그림 9. 남성 호르몬의 조절

3) 여성호르몬과 월경주기

(1) 종류와 특징

■ 여성호르몬: 난소호르몬이라고도 한다. 주로 에스트로겐과 프로게스테론.

표 7. 여성호르몬의 종류와 특징

항목		특징
에스트로겐	정의	-여포호르몬이라고도 함. 에스트로겐은 어느 1종의 호르몬만을 지칭하는 것이 아니고, 비슷한 기능을 가진 여러 가지 호르몬을 일괄하여 부르는 명칭
	분비	-주로 난소내의 여포 및 황체
	기능	-제2차 성징, 월경주기, 자궁내막의 발달
프로게스테론	정의	-황체호르몬이라고도 함
	분비	-주로 난소내의 여포 또는 황체
	기능	-황체형성을 촉진, 자궁점막을 두껍게 유지, 수정란이 착상되도록 함

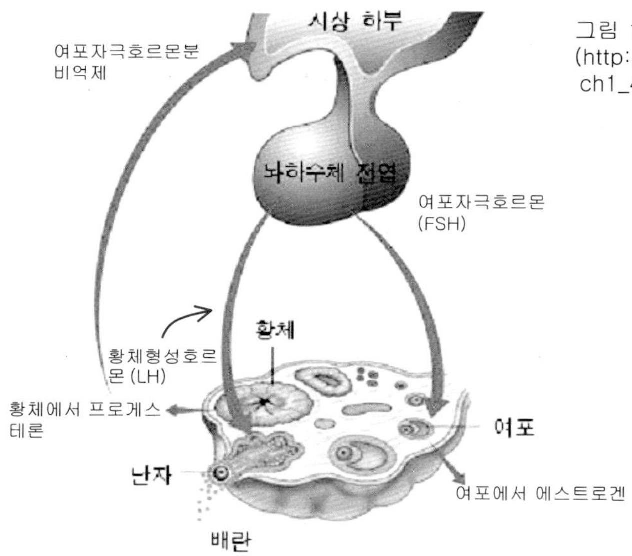

그림 10. 여성호르몬의 조절 (http://210.179.14.131/study/ch_1/ch1_4_3_2.htm 050102)

(2) 월경 주기

① 월경

표 8. 월경의 특징

항목	특징
정의	수정된 난자가 내려오지 않아, 착상을 위해 준비해 두었던 자궁내막의 일부가 분해되어 체외로 배출되는 현상
시작	10~16세
끝(폐경기)	50세 전후
과정	월경 → 여포의 성숙 → 배란 → 황체 형성 → 황체의 퇴화
월경주기일	평균 28일(개인에 따라 다르다)
월경기간	3~5일

■ 배란은 다음 월경 시작일로부터 14일전에 일어남

② 월경주기와 신체의 변화

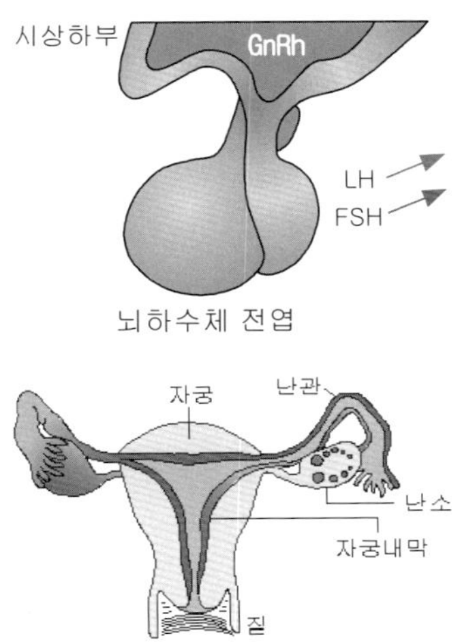

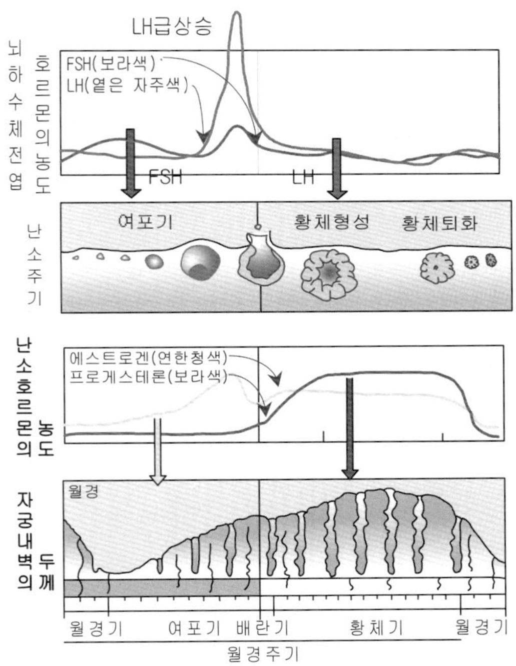

그림 11. 여성의 월경주기와 신체의 변화.

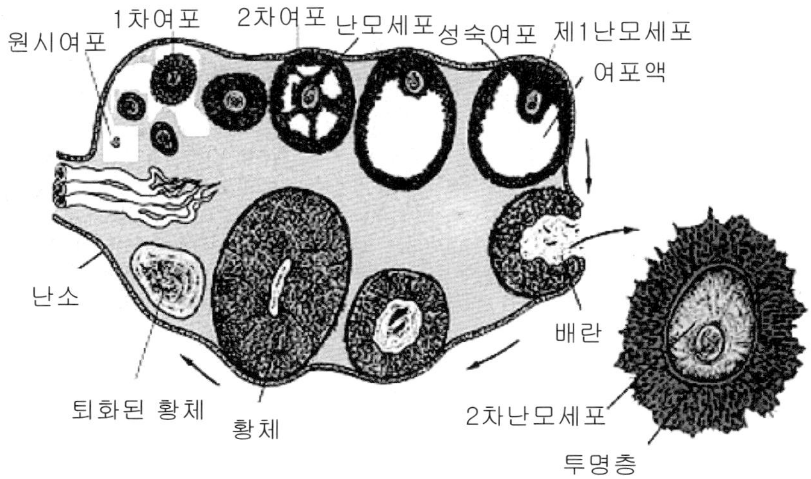

그림 12. 여포가 성숙할 때 난모세포가 커지면서, 여포액으로 둘러싸인다. 그리고 성숙된 여포는 터지고 난모세포가 나온다.(http://moolynaru.knu.ac.kr/everyday_science/sangmyung/12baeranjoogi/ images/ E$$00001.jpg에서 변형 030705)

표 9. 월경주기 조절에 관여하는 호르몬(28일 기준)

시기	월경기	여포기	배란기	황체기
호르몬	여포자극호르몬	에스트로겐	황체형성호르몬	프로게스테론
분비장소	뇌하수체 전엽	난소 내의 여포	뇌하수체 전엽	난소 내의 황체
기능	여포의 성숙	자궁내막의 발달	배란	자궁내막의 유지
일째	0~3	4~13	14 (다음 월경시작일의 14일전)	15~28

(3) 월경 이상

표 10. 월경과 관련된 이상현상

<table>
<tr><th colspan="3">항목</th><th>특징</th></tr>
<tr><td colspan="3">월경전 증후군(PMS)</td><td>월경이 있기 직전에 육체적인 이상과 정신적 변화가 일어나는 현상</td></tr>
<tr><td colspan="3">생리통</td><td>생리를 할 때 통증과 불쾌감을 느끼는 현상</td></tr>
<tr><td rowspan="7">월경 불순</td><td rowspan="2">출혈량의 이상</td><td>과소월경</td><td>월경의 출혈량이 지나치게 적은 상태</td></tr>
<tr><td>과다월경</td><td>월경의 출혈량이 지나치게 많은 상태</td></tr>
<tr><td colspan="2">비정상 자궁출혈</td><td>월경이 7일 이상 지속되거나, 월경 주기가 21일 미만이거나,
월경량이 80ml 이상일 때</td></tr>
<tr><td rowspan="2">월경주기 이상</td><td>빈발월경</td><td>정상주기보다 지나치게 짧은 경우</td></tr>
<tr><td>희발월경</td><td>정상주기보다 지나치게 긴 경우</td></tr>
<tr><td rowspan="2">무월경</td><td>원발성</td><td>16살 때까지 월경이 없을 경우</td></tr>
<tr><td>속발성</td><td>6~12개월간 월경이 없거나 이전 월경 3주기 기간동안 월경이 없는 경우</td></tr>
</table>

표 11. 월경전 증후군(PMS)의 증상

신체적 변화	정신적 변화
몸무게 증가	기분의 현저한 변화
복부가 더부룩해진다	우울증
몸과 손발이 붓는다	짜증이 난다
두통 피곤	집중하기 어렵다
가슴이 민감해진다	성욕의 변화가 발생할 수 있다
움직임이 둔해진다	긴장감과 식욕의 변화
변비가 생긴다	

＊ 정리

- 정자의 이동 경로
  세정관 → 부정소 → 정관 → 사정관 → 요도 → 체외
- 난자의 이동 경로
  난소 → 난관 → 자궁 → 질 → 체외
- 월경이란?
  수정된 난자가 내려오지 않아, 착상을 위해 준비해 두었던 자궁내막의 일부가 분해되어 체외로 배출되는 현상
- 월경은 4가지 호르몬의 상호작용에 의하여 일어난다.
  (여포자극 호르몬, 황체형성 호르몬, 에스트로겐, 프로게스테론)

＊ 토의

1. 남자의 체내에서 정자의 이동 경로는?
   (다음 빈칸에 알맞은 말을 넣으시오.)

세정관	→		→		→		→	요도

2. 자궁 내벽의 두께를 결정짓는 호르몬 두 가지는?

제3부 실용적인 성

제7장 사랑과 성욕

* 학습목표
• 올바른 성의 개념을 안다. • 사랑과 성욕에 대한 남녀의 차이를 안다. • 성적 신체적 접촉에 대한 적절한 대처 방법을 안다. • 성관계를 갖기 전에 고려해야 할 사항을 안다.
* 학습 내용
1. 성의 개념 1) 용어 2) 성의 3요소 3) 성 개념의 변천 4) 최근 성 연구의 경향 5) 정리 2. 사랑의 시작 1) 남녀 이해하기 2) 사랑 3. 성욕 1) 성욕의 특징 2) 성환상 3) 몽정, 유정, 성몽 4) 자위행위

1. 성의 개념

1) 용어

표 1. 성의 개념과 관련된 용어

<table>
<tr><th>국어</th><th>한자</th><th>영어</th><th>뜻</th></tr>
<tr><td rowspan="3">성</td><td rowspan="3">性(心+生, 마음과 몸)</td><td>Sex</td><td>생물학적 성, 선천적인 성, 육체적인 성, 남자 · 여자</td></tr>
<tr><td>Gender</td><td>정신적인 성, 후천적인 성, 사회·문화 · 심리적인 성, 남성 · 여성</td></tr>
<tr><td>Sexuality</td><td>총체적인 성, 전성(全性)</td></tr>
</table>

- **Sexuality** : 인간의 성행동은 물론이고 개인이 갖는 성에 대한 환상, 꿈, 행동, 태도, 사고, 감정, 가치관, 신념, 이해심 및 개인의 존재의미 등의 모든 것을 지칭하는 표현, 즉 "성적인 성격(sexual personality)"이라고도 풀이할 수 있다(김혜숙, 1995).

2) 성(sexuality)의 3요소

표 2. 성(sexuality)의 3요소

<table>
<tr><th colspan="2">항목</th><th>설명</th></tr>
<tr><td rowspan="3">성(sexuality)</td><td>기반(뿌리)</td><td>생명탄생</td></tr>
<tr><td>중심(줄기와 잎)</td><td>사랑</td></tr>
<tr><td>꽃</td><td>쾌락</td></tr>
</table>

3) 성 개념의 변천

표 3. 성 개념의 변천

단계	개념
생명	원시시대부터 성의 개념을 종족 보존의 차원에서 보는 개념
사랑	성의 개념을 사랑의 표시 행위로 보는 개념
쾌락	성의 개념을 성행위를 통해 성적 쾌감 추구에 두는 개념

- 이상의 세 가지 성 개념을 통해서 볼 때, 남성은 예부터 이 세 가지를 공유하고 있는 반면, 여성은 사회 변화에 따라 단계적으로 발전되어 오고 있음을 알 수 있다.

4) 최근 성 연구의 경향

표 4. 최근의 성 관련 연구 동향

분야	내용
성 행동	1960년대, 직접관찰, 신체적 심리적 변화 연구
성 기능	성기능 장애와 치료에 대한 연구
아동기의 성 발달	아동의 성에 대한 발달과 성행동을 연구
노인들의 성 행동	노인들의 성생활을 연구

- 성에 대한 신체적인 반응, 남녀의 성적 차이, 아동 및 노인들의 성 생활, 성 기능 장애, 성 폭력 등 연구

- 우리의 삶의 질을 향상 할 수 있는 계기 마련하였음

5) 정리

표 5. 내가 가져야 할 성 개념

<table>
<tr><th colspan="3">구분</th><th>설명</th></tr>
<tr><td>sex</td><td colspan="2">정의</td><td>생물학적 성, 선천적인 성, 육체적인 성, 남자・여자</td></tr>
<tr><td>gender</td><td colspan="2">정의</td><td>정신적인 성, 후천적인 성, 사회・문화・심리적인 성, 남성・여성</td></tr>
<tr><td rowspan="4">sexuality</td><td colspan="2">정의</td><td>총체적인 성, 전성(全性), 성적인 성격(sexual personality)</td></tr>
<tr><td rowspan="3">3요소</td><td>뿌리
(기반)</td><td>생명탄생</td></tr>
<tr><td>줄기와 잎
(중심)</td><td>사랑</td></tr>
<tr><td>꽃</td><td>쾌락</td></tr>
<tr><td colspan="3">올바른 성(sexuality 개념</td><td>'생명탄생을 기반으로 하고, 사랑이 중심을 이룰 때, 성적 쾌락은 꽃을 피울 수 있다'는 개념을 지녀야 한다.</td></tr>
</table>

2. 사랑의 시작

1) 남녀 이해하기

(1) 업무에 관한 차이

표 6. 남녀의 업무에 관한 일반적 차이

남 자	여 자
직장이나 직업을 통해 자아를 실현	가정이나 관계를 통해 자아를 실현
과업 지향적: 승패가 중요	사람 지향적: 화목한 관계가 중요
능력 중심	관계중심(face to face)

(2) 사회성에 관한 차이

표 7. 남녀의 사회성에 관한 일반적 차이

남 자	여 자
독립적(어리광을 삼가함): 독립적으로 결단	의존적(어리광을 부림): 타인의 암시나 시사에 의해 결정
위계질서의 꼭대기에 혼자 있을 때 안정감 느낌	관계망의 중심에 있을 때 안정감을 느낌
활동을 함께함으로 친구 (운동이나 활동을 같이 함으로써 친해진다) ⇒ Side by Side	감정을 나눔으로 친구 (얼굴과 얼굴을 마주 보며 감정을 나눔으로 친밀감을 느낀다) ⇒ Face to Face
유행에 덜 민감	유행에 민감

(3) 대화에 관한 차이

표 8. 남녀의 대화에 관한 일반적 차이

남 자	여 자
정보를 나누고 문제해결을 위한 대화(운동, 정치, 경제 등) 등 추상적 화제	개인적 관계와 감정적 지지와 공감을 얻으려고 자녀나 집 등 구체적 화제
말을 잘 중단시키고 '나'라는 말을 잘 사용. 특히 여성이 개인적인 이야기 할 때 시시하고 사소하다고 생각하여 중단시킴.	끼어드는 발언에 남성은 나에게 관심 없다 또는 나를 지배하려 든다고 오해. '우리'라는 말을 잘 사용
'그녀가 나에게 말해 줄 것이 있으면 내가 묻지 않아도 알아서 말해 주겠지' 라고 생각	'내가 질문을 안 하면 그는 내가 무관심하다고 생각할꺼야'라고 생각

(4) 감정에 관한 차이

표 9. 남녀의 감정에 관한 일반적 차이

남 자	여 자
시각 지향적 : 시각과 후각이 상대적으로 더 예민	**청각 지향적** : 청각과 촉각이 상대적으로 더 예민
시공간 능력(뇌의 오른쪽 반구가 발달)	언어적 능력(뇌의 왼쪽 반구가 발달)
감정보다 이성적으로 행동	이성보다 감정이 앞섬
감정표현이 서툴고 억제하며 방어적	감정표현을 잘 함
감정의 기복이 적음	감정의 기복이 심함
사랑은 연극에 있어 휴식시간 (막간)	사랑은 연극 그 자체
안정과 신뢰가 중요	염려와 관심이 중요

(5) 감정에 관한 차이

표 10. 남편과 아내의 요구 5가지(미국, 1000명의 부부에게 조사)

남편의 요구 5가지	아내의 요구 5가지
1. 성적인 만족을 주는 아내	1. 애정을 표현하는 남편
2. 여가 상대가 되어주는 아내	2. 말 상대해 주는 남편
3. 깨끗하고 매력있는 아내	3. 정직, 투명하게 마음을 나누는 남편
4. 내조, 집안 살림을 잘하는 아내	4. 경제적 필요를 공급하는 남편
5. 칭찬해 주는 아내	5. 자녀에게 관심을 가져주는 남편

2) 사랑

(1) 성숙한 사랑

첫째, 열정이 있어야 한다.
둘째, 친밀감이 있어야 한다.
셋째, 계속 유지하려는 의지가 있어야 한다.

(2) 사랑에 있어서 남녀의 차이

표 11. 사랑에 있어서 남녀의 차이

종류	남자	여자
사랑의 유형	에로스 사랑(한눈에 반함)과 루더스 사랑(유희하듯 즐김)을 추구	매니아 사랑(광적으로 소유하려는 사랑)과 프라그마 사랑(실용적이고 계산적인 사랑)을 추구
	FILO(필로): 'First In, Last Out'	LIFO(리포): 'Last In, First Out'
	충동적	현실적
	이중 기준	단일 기준
사랑의 욕구	신뢰, 인정, 감사, 찬미, 찬성, 격려를 받고 싶어 함	관심, 이해, 존중, 헌신, 공감, 확신을 받고 싶어 함
채점방식	사랑의 선물은 그 크기와 상관있음(외형적)	사랑의 선물은 그 크기와 상관없이 모두 같은 비중으로 받아들임(내형적)

(3) 사랑과 뇌의 화학반응

표 12. 사랑의 단계에 따라 뇌에서 분비되는 물질(http://www.dongascience.com 030212)

단계	분비되는 물질	기능
갈망	테스토스테론	성호르몬으로서 성적 욕구 자극
	에스트로겐	성호르몬으로서 성적 욕구 자극
끌림	도파민	쾌감을 느끼게 함
	아드레날린	심장을 뛰게 하고 땀이 나게 함
	세로토닌	사랑에서 가장 중요한 물질로 사람을 일시적으로 미치게 만듬
애착	옥시토신	결합력을 공고히 함
	바소프레신	

- "마약 중독자와 사랑에 빠진 사람의 뇌 활동은 놀라울 정도로 비슷"

- "사랑에 빠졌을 때 분비되는 세로토닌 등은 상대의 결점을 인식하지 못하게 해 사람을 눈멀게 만든다"며 "이 때가 되면 뇌에서 화학물질이 마구 쏟아져 나오므로 주변에서 아무리 얘기해도 소용이 없다"

- 하지만 이들 호르몬의 농도가 높게 유지되는 것은 2년 정도이다.

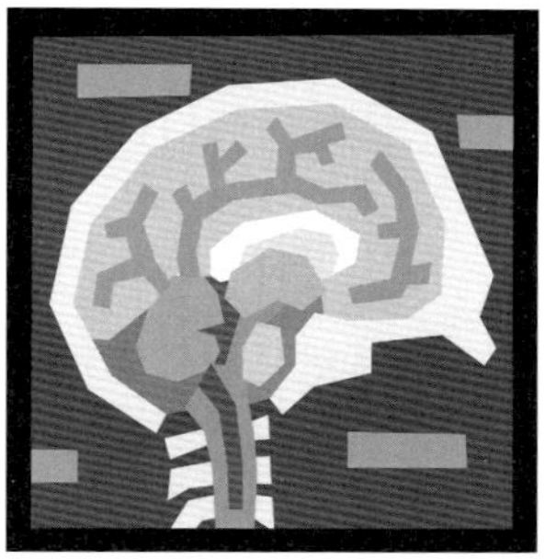

3. 성욕

1) 성욕의 특징

(1) 성욕의 이해

표 13. 성욕에 관한 이해

항목	특징
정의	성적관심, 성 충동, 성적 흥분감각, 성행위를 하고 싶은 욕망 등
나타나는 시기	신생아 때 프로그램 되어 있던 것이 사춘기에 와서 작용
조절하는 곳	성욕이 일어나고 조절하는 곳은 대뇌이고, 시상하부 앞의 성욕 중추가 혈액 중의 성호르몬 농도를 감지하고 이것이 대뇌에 전달
세기	호르몬, 건강상태, 스트레스, 성에 대한 의식, 주변 환경의 영향, 유전적 요인, 그리고 성장시의 조건에 따라 달라짐

(2) 남녀 성욕의 차이

표 14. 남녀 성욕에 관한 차이

항목	남자	여자
시간적 변화	일찍 강하게(20세) 나타났다가 빨리 쇠퇴(40세 이후)	늦게 나타나서 늦게 쇠퇴. 그다지 변하지 않음
진행과정	특정 자극 → 성호르몬이 뇌로 전달 → 바로 성교에 대한 욕구	특정 자극 → 성호르몬이 뇌로 전달 → 이성에 관심 → 이성에 대한 접촉욕구 → 성교에 대한 욕구
성교 후	정복감, 만족감 느낌. 흥미상실하거나 무책임 할 수 있다 (성행위와 사랑을 분리된 것으로 생각)	새로운 관계의 시작으로 여기며, 집착한다(성행위와 사랑을 분리하지 않는다). 임신, 육아 등 경험

(3) 성욕에 대한 바람직한 대처

성욕은 자신이 이미 가지고 있는 성적인 이미지가 어떠하냐에 따라 해결하는 방식이 달라진다. 예를 들어 성을 말초적이고 쾌락적으로만 생각하는 사람은 성 충동을 비정상적인 방식으로라도 해결하려 할 것이다. 그러나 성을 생명탄생의 근원으로 여겨 다른 어떤 것보다도 아름답고 귀하며 책임이 따르는 것으로 생각하는 사람은 성 충동을 바르게 승화시킬 수 있을 것이다.

2) 성환상

(1) 개념

■ 에로틱한 공상, 성과 관련된 환상. 자위행위 때, 성교 때에도 공상

■ 남성이 여성 보다 성환상 빈도 많다
- 성행위에 대한 여성의 조심스러움 때문
- 안드로겐의 차이 때문

(2) 종류

■ **긍정적인 것**: 매력을 느낀 자와 함께 성행위나 낭만적 관계

■ **부정적인 것**: 자신이 소망하는 파트너로부터 거부당하는 내용

(3) 성 환상과 죄의식

■ **성 환상**은 현실적으로 불가능한 내용까지 타인이나 사회적 제약을 받지 않고 가능하다. 소망이나 채워지지 않았던 욕구를 나타낸다.

■ 성 환상과 죄의식

- 의식적으로나 무의식적으로나 성에 관한 상상, 환상, 꿈, 백일몽 등은 모두 정도에 상관없이 정상이라고 간주된다.
- 단지 환상을 실제의 행동으로 표현하는 그 자체는 옳지 못하다.
- 환상이 환상에 불과하다면 정상이다.
- 그러나 자신에게 용납될 수 없는 환상들이 여러 차례 반복되면 그 대가로 죄의식이 생긴다.

■ 대책 : 죄의식 때문에 그러한 환상을 무조건 억압시키려고만 하는 것은 자신에게는 물론이고 타인에게도 해가 될 수 있다. 스스로 잘못된 것이었구나 하고 인정하면 별 문제가 되지 않는다.

■ 올바른 대책은 스스로를 잘 통제하여 미래의 동일한 상황이나 유혹에도 이성적으로 잘 반응하는 것이다.

3) 몽정, 유정, 성몽

(1) 용어

표 15. 몽정과 관련된 용어

용어	설명
몽정 (夢精)	• 수면 중 성적인 행위를 상상하면서 사정하는 현상. '야간정루'(夜間精漏, nocturnal emission)라고도 함. '유정'(遺精)과는 다름
유정 (遺精)	• 꿈속에서가 아니라 일상생활 속에서 이성과의 성행위가 없는데도 정액 혹은 그 비슷한 분비물이 무의식적으로 나오는 현상 • 성적인 상상없이 야간에 무의식중에 정액을 유출하는 경우는 '야간유정'이라 함
수면중 절정감	• 여성에서는 사정이 없으므로 몽정(夢精, wet dream)이 아니라 '수면중 절정감'이라는 용어가 더 적당 • 흔히 '성몽'(性夢, sex dream)이라 하는데 이는 잘 못 된 것
성몽 (性夢)	• 이성과의 환상적이고 달콤한 성애의 꿈

(2) 몽정과 수면중의 절정감

표 16. 몽정과 수면중 절정감의 특징

구분	설명
의의	몽정은 여성의 첫 생리와 같은 수준의 중요성
이해	• 생식기관이 성숙되었다는 징조 • 그릇에 물이 차면 넘쳐흐르듯 자연적인 생리현상. 의식적으로 제어할 수 없는 현상
역할	성적 긴장감을 해소시키는 일종의 '안전밸브' 역할
언제까지?	• 결혼유무나 연령을 불문 • 오랫동안 성적 불만족 또는 금욕한 기혼 부부에게도
후유증	• 몽정을 하는 순간에는 황홀감을 만끽하지만, 속옷이 축축해져 처리를 걱정함 • 이튿날엔 몽정 후유증으로 불쾌감을 느끼기도 함
질병?	• 성적 만족을 하는데도 계속 그럴 경우 또한 몽정 후에 심한 우울증을 느낀다면 생식기능이 허약하여 질병일 수도 있음
교육	• 아버지는 자식이 몽정할 나이에 도달하면 정상적인 생리현상이라는 사실을 가르쳐 주어야 함. 어머니가 딸의 월경에 대해 지도하는 것처럼

4) 자위행위

표 17-1. 자위행위(1)

항목	설명
정의	- 성기를 인위적으로 자극함으로써 성적인 쾌감을 느끼는 행동
역할	- 육체적인 쾌감과 정신적으로 성적인 긴장을 풀어줌
빈도	- 각자가 성적 긴장을 충분히 풀 수 있을 만큼 - 심할 경우 피로감, 성기 통증, 핏기가 섞인 정액 배출(정액고갈) - 강박관념을 가지지 않도록 노력해야

표 17-2. 자위행위(2)

항목	설명
남성 자위행위	- 정액이 가득 차면 → 성 충동 → 저절로 발기 → 유정이나 몽정 또는 자위행위를 통해 사정 - 성충동 → 매번 자위행위 → 후유증 → 성충동을 느낄 때 스스로 조절하는 노력 **(운동, 등산, 연주 등)** 이 필요
여성 자위행위	- 성감발달에서 중요한 역할 - 혼전에 자위행위를 통해 극치를 경험해 본 여성은 결혼 후 극치를 경험할 가능성이 높음
부정적 견해	- (의사 티솟) "자위행위로 정액을 잃게 되면 쇠약해 진다." - 신체적 후유증: 자극에 의한 요도 손상, 세균 감염에 의한 요도염, 역행성 사정, 조루 - **정신적 후유증**: 죄책감, 열등감, 중독성, 음란한 생각에 젖어듦, 스트레스 해소책으로 이용하는 것은 매우 좋지 않음
올바른 평가	- 자위행위가 해롭지는 않다 - 자위행위가 성교 다음의 쾌락을 수반한다고 해도 인간적 교감이 없는 혼자만이 성행위는 무의미

표 18. 자위행위에서 주의점

항목	남	여
자위행위 때의 성감대		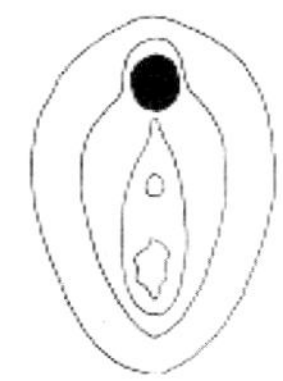
	- 주로 음경 귀두부	**- 음핵, G점, 유방, 온몸**
잘못된 방법	- 음경 만곡증, 백막의 터짐 - 이물질 사용 - 더러운 손	- 음순의 변형 - 이물질 사용 - 더러운 손 : 감염 우려 높음
올바른 방법	-손가락으로 원형을 만들어 음경을 앞뒤로 움직이면서 부드럽게 자극 - 비누나 로숀 사용하기 - 사정물 적절하게 처리	- 손가락으로 음핵을 문지르는 방법 - 성기전체를 자극하는 것 - 유방과 유두의 자극 - 질 분비물 적절하게 처리
	- 귀두부 청결	**- 외생식기 청결**
	손을 깨끗이 씻고 손톱을 청결하게	

*** 정리**

- '생명탄생을 기반으로 하고, 사랑이 중심을 이룰 때,
  성적쾌락은 꽃을 피울 수 있다'는 개념을 지녀야 한다.

- 대체로 남자는 FILO(필로): 'First In, Last Out'
  여자는 LIFO(리포): 'Last In, First Out'

- 남자의 성욕은 일찍 강하게 나타났다가 빨리 쇠퇴하지만,
  여자의 성욕은 늦게 나타나서 변하지 않다가 늦게 쇠퇴한다.

*** 토의**

1. 내가 가져야 할 올바른 성에 대한 개념은?

2. 사랑에 빠졌을 때 눈이 멀게 되는 원리는?

제8장 젊은이를 위한 Message

* 학습목표
• 성적 신체적 접촉에 대한 적절한 대처 방법을 안다. • 성관계를 갖기 전에 고려해야 할 사항을 안다.
*** 학습 내용**
1. 성적 접촉 2. 성적 접촉에 대한 대처

1. 성적 접촉

1) 이성간의 신체적 접촉 단계

표 1. 이성과의 신체 접촉 6단계

단 계	행 동
1	친근한 미소와 표정을 보낸다.
2	상대방과 손을 잡거나 팔짱을 낀다.
3	어깨에 팔을 두르거나 허리를 감싸 안는다.
4	포옹을 하고 키스를 한다.
5	은밀한 부위까지 접촉한다.
6	성관계를 갖는다.

2) 성적 접촉에 관한 설문조사

표 2. 설문조사 방법

항 목	설 명
때	2001년 7월 2-5일
대상	-'성의세계' 수업을 듣는 남학생 50명, - 여학생 29명, 그리고 다른 수업을 듣는 여학생 21명 계 100명 (이 중에서 애인이 있는 남 40명 여 40명 계 80명)
방법	- 설문지를 통한 조사: 1번 문항은 이성친구가 있는 80명만 응답토록 하였음. 2번 문항부터는 모두에게 응답하도록 하였으며, 이성친구가 없을 경우엔 있다고 가정하고 답하도록 하였음.

표 3. 성적인 신체적 접촉을 요구받은 경험

항 목	성별		평균(%) (이성친구가 있을 경우만)
	남(%)	여(%)	
있다	85	90	87.5
없다	15	10	12.5
기타	0	0	0
계(%)	100	100	100

표 4. 성관계를 요구받았을 때의 반응

항 목	성별		평균 (%)
	남(%)	여(%)	
응해준다	76	20	48
절대로 안된다	4	10	7
스킨쉽까지만 허용한다	20	70	45
계(%)	100	100	100

표 5. 성관계를 요구받았을 때 응해주는 이유

항 목	성별		평균 (%)
	남(%)	여(%)	
사랑하니까	42	14	28
상대방이 헤어지자고 할 것 같아서	2	40	21
사이가 멀어질 것 같아서	8	2	5
즐기기 위해서	18	0	9
기타	6	0	3
무응답	24	44	34
계(%)	100	100	100

표 6. 성관계를 요구받았을 때 절대로 응해 주지 않는 이유

항 목	성별		평균 (%)
	남(%)	여(%)	
혼전순결을 위해서	0	24	12
두려워서	0	0	0
도덕적 죄책감	4	0	2
임신의 위험 때문에	0	76	38
성병의 위험 때문에	0	0	0
기타	96	0	48
계(%)	100	100	100

표 7. 성적 신체접촉 요구시 거절하는 자기만의 방법

항 목	성별		평균 (%)
	남(%)	여(%)	
애교를 부린다	16	16	16
화제를 돌린다	**34**	18	**26**
모른 척 한다	16	22	19
설득시킨다	22	**30**	**26**
기타	12	14	13
계(%)	100	100	100

2. 성적 접촉에 대한 대처

Yun's message

성관계 이전에 고려해야 할 사항

1. 성에 대하여 올바른 개념(생명탄생, 사랑, 쾌락)을 가지고 있는지
2. 정확한 성지식을 알고 있는지
3. 교제를 시작할 때 먼저 '한계를 설정'해 두는 것도 좋다.
4. 상대의 몸과 마음을 존중하는지
   * 사랑의 확인을 조건으로 요구하는 성관계는 왜곡된 연애관이다.
   * 상대방이 거절을 하였을 경우 상대방을 존중할 줄 알고 선을 지켜줘야 한다.
5. 어떠한 상황에서든지 "YES" 또는 "NO"라는 자신의 의사를 분명하게 표현한다.
6. 성관계 후에 후회하지 않고 서로의 감정이 더 좋아질 것인지
7. 실패없는 피임을 하거나 그렇지 않을 경우 책임질 수 있을 것인지
8. 미래를 책임질 수 있는 남녀가 자발적인 상태에서 이루어져야 한다.

■ 성관계란 그냥 몸과 몸이 결합되는 것이 아니고 그 이상의 의미를 지니고 있기 때문에, 성관계 이전에 나 자신을 위해 그리고 상대방을 위해 많은 것을 알아야 한다.

*** 정리**

- 성적 접촉을 요구 받았을 때에는 "**YES**" 또는 "**NO**"라고 자신의 의사를 분명하게 표현한다.

- 성관계는 미래를 책임질 수 있는 남녀가 자발적인 상태에서 이루어져야 한다.

*** 토의**

1. 성관계 이전에 고려해야 할 사항 5 가지를 제시하면?

2. 성관계를 요구 받았을 때, 상대의 기분을 상하지 않으면서 거절할 수 있는 방법을 2가지 제시하면?

제9장 성교와 성기능

*** 학습목표**

- 남녀 성 반응과 성 생리의 차이를 안다.
- 성 기능 장애에 어떤 것들이 있으며 그 대처방법을 안다.

*** 학습 내용**

1. 성교
   1) 성 행동의 단계와 특징 2) 성감대 3) 성 반응
   4) 성 생리 5) 여성을 위한 배려

2. 성 기능 장애
   1) 정력 2) 성 기능 장애의 종류
   3) 남성 성 기능 장애 4) 여성 성 기능 장애

1. 성교

1) 성 행동의 단계와 특징

표 1. 성 행동의 단계와 특징

단계	행동적 특징
구애	- 두려움, 갈등, 불안정한 행동 → 눈과 목소리로 관심을 표현 → 간단한 skinship → 포옹
성교이전	- (은밀한 곳) 수평자세가 많아짐 → 시각과 청각신호 보다는 촉각 신호 → 살갗과 살갗이 맞닿는 촉감 → 혀 접촉 → 젖가슴 → 성기 주변 접촉 → 충분한 성적 흥분을 불러 일으킴
성교	- (성교이전 단계보다 짧다) 질 속에 음경 삽입 → 율동적인 피스톤 운동 → 오르가즘을 경험 → 휴식

2) 성감대

표 2. 성감대의 특징

항목	특징
구성	- 시각, 청각, 후각, 미각, 촉각 등 모든 감각수용기가 작용
작용과정	- 감각수용기의 작용 → 신경전달과 호르몬의 작용 → 대뇌의 연합작용 등 신체와 정신의 복합작용

- 성감대는 개개인마다 다르다. 그러므로 상대의 성감대를 아는 것은 중요하며 또한 보다 만족스러운 성관계를 위해서는 잘 느끼는 부위를 상대에게 재치있게 알릴 필요가 있다.

표 3. 성감대의 구분

구분	설명
1차 성감대	- 생식기관으로서 접촉으로 직접 성적자극을 느끼는 성감대
2차 성감대	- 생식기관은 아니지만 자극에 민감하여 성적흥분으로 연결될 수 있는 성감대

표 4. 남녀 성감대의 종류

<table>
<tr><th>구분</th><th>남성</th><th>여성</th></tr>
<tr><td rowspan="6">1차 성감대</td><td>음경(귀두, 음경소대)</td><td>음핵(clitoris)</td></tr>
<tr><td rowspan="5">음낭</td><td>소음순</td></tr>
<tr><td>대음순</td></tr>
<tr><td>질전정</td></tr>
<tr><td>질</td></tr>
<tr><td>G점(G spot)</td></tr>
<tr><td>2차 성감대</td><td colspan="2">유방, 입, 귀, 모발, 겨드랑이, 목, 회음, 대퇴부 내측, 둔부, 음모</td></tr>
</table>

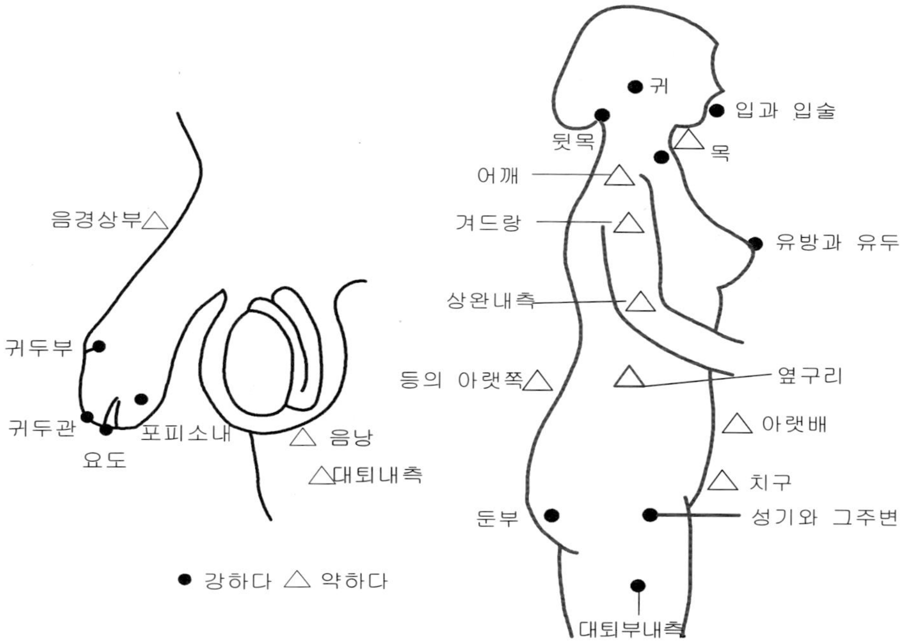

그림 1. 남녀의 성감대(추영국 등, 2003)

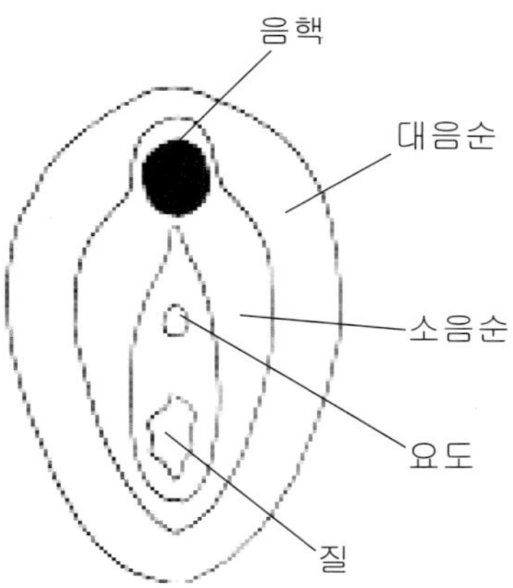

그림 2. 여성의 음핵

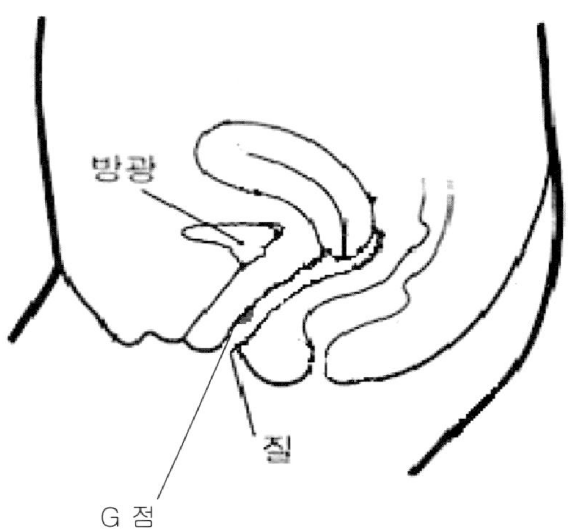

그림 3. 여성의 G점

3) 성 반응

표 5. 성 반응 단계와 관련된 동의어

단계	동의어
흥분기	
고조기	지속기, 고원기, 정체기, 평탄기
오르가즘기	오르가슴기, 절정기, 성감극기
쇠퇴기	해체기, 해소기, 회복기

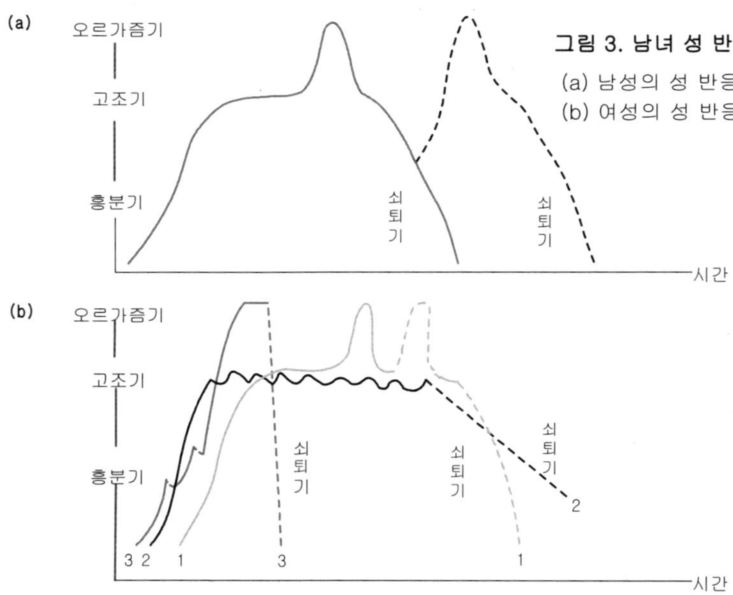

그림 3. 남녀 성 반응 주기

(a) 남성의 성 반응 주기의 2가지 변이
(b) 여성의 성 반응 주기의 3가지 변이

표 6. 성 반응의 단계별 특징

단계	남성	여성
흥분기	- 음경 발기, 음낭 두꺼워짐	- 음핵 딱딱, 질 부근 충혈, 질 내 분비물 - 유방 단단
고조기	- 음경이 최대 발기, 정소 충혈, 음낭은 회음에 바짝 올라붙음 - 쿠퍼선의 점액이 음경 끝으로 나옴	- 음핵은 치골 쪽으로 후퇴, 질 입구에서 음경 조이며 분비액으로 축축, 자궁은 수직으로 상승 - 유방 전체가 딱딱, 유두 곤두섬
오르가즘기	- 요도와 회음부의 근육이 수축하여 음경 자체도 전후로 움직이며 3~4회 정도 강한 수축을 통해 정액을 배출함과 동시에 오르가즘	- 자궁벽이 파동하고, 이어 질 내부의 근육 · 직장의 괄약근 · 질 입구 · 음핵 주변이 파동, 5-8회의 강한 수축과 9~15회의 약한 수축
쇠퇴기	- 음경 내의 혈액이 빠져 나가 음경이 부드러워짐 - 음낭은 다시 부드러워져 아래로 내려감	- 음핵 · 소음순 · 대음순은 원상태, 질 수축이 멈추고 약 15분 정도 지나면 원상태 - 자궁은 다시 하강

■ **남성 생식기의 변화** : 그런데 남성과 여성간의 성 반응 단계에서 오르가즘에 도달하는 시간적 차이가 있으므로 성 관계시 문제가 생길 수도 있다. 따라서 서로가 오르가즘을 느끼기 위해선 사랑의 감정도 중요하겠지만 서로의 생리적인 사이클과 상대를 배려하는 마음이 있어야 한다.

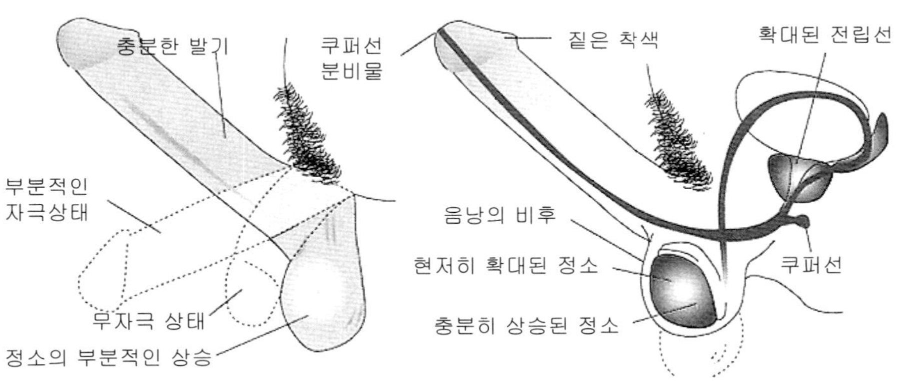

(a) 흥분기 (b) 고조기

그림 4. 남성의 성 반응주기에서 생식기의 변화(추영국 등, 2003)

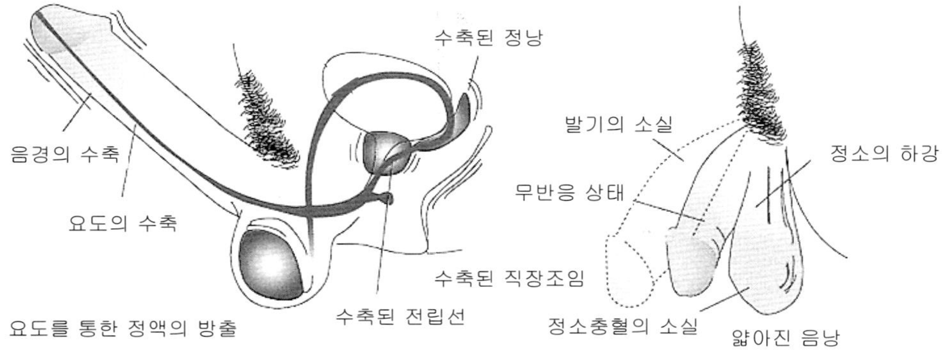

그림 4. 남성의 성 반응주기에서 생식기의 변화(추영국 등, 2003)

4) 성 생리

(1) 남성의 성 생리

① 발기의 생리

표 7. 발기의 생리

항목	특징
상태	-음경의 동맥은 확장되고 정맥은 수축되어 혈액량이 증가하여 단단하게 부풀어진 상태
과정	-성적 자극 → 두뇌피질의 신경계를 지나 척추 아랫부분에 있는 발기 중추에 전달 → 부교감신경에 의해 음경 동맥에 전달 → 다량의 혈액이 음경 내로 유입 → 발기

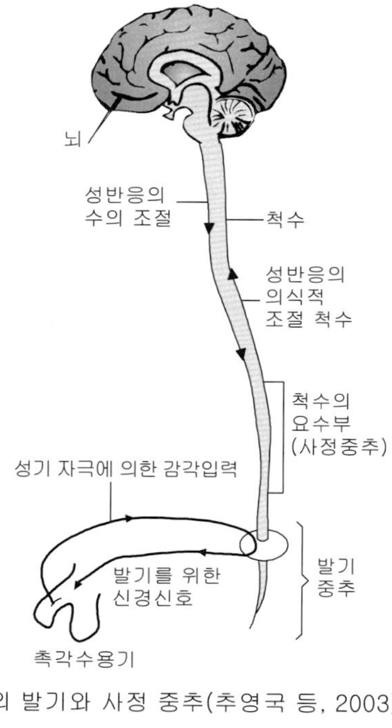

그림 5. 남성의 발기와 사정 중추(추영국 등, 2003)

② 사정과 함께 급격히 하강하는 남성의 오르가즘

표 8. 남자의 성 생리

항목	특징
현상	- 극히 짧고 순간적인 것이며 성교중 단 1회 뿐 - 사정은 남자만의 특이한 생리반응 - 남자가 여자보다 극치감을 훨씬 잘 느끼도록 되어 있음
과정	- 성적 자극 → 정관의 연동운동 → 부고환 미부에서 정관 팽대부로 정자가 이동 → 정관팽대부와 정낭의 수축 → 방광경부의 부분폐쇄, 후두요도로 정액이 흐름 - 한편, 부교감 신경으로 음경의 해면체 및 음경발기근이 경련성 수축 → 방광경부가 완전 폐쇄 → 요도와 회음부 근육의 수축 → 사정
극치감	- 사정 때, 생식기관의 평활근과 골반내 횡문근으로부터의 자극이 대뇌피질에 주는 감성적 경험

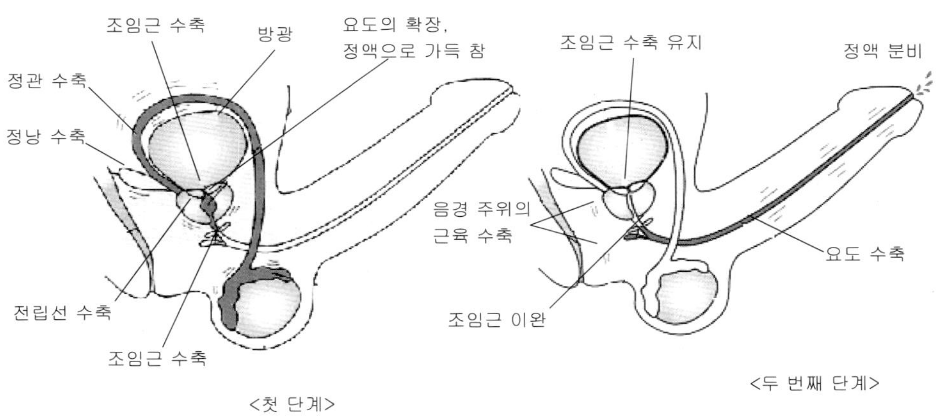

그림 6. 사정의 두 단계(김명원 등, 2004)

(2) 여성의 성 생리

① 성충동

- 성욕과 성충동은 남성과 마찬가지이며 남성과 비슷한 신체적 변화
- 야한 생각이나 에로틱한 책이나 영화 → 성적 자극 → 질에서 분비액 (윤활제), 음핵에 혈액이 몰려 딱딱해짐, 남성의 발기와 같은 원리

② 윤활화와 팽창

- 성적 흥분 → 성기에 생리적 변화

ⓐ 성적 흥분 → 평상시에 닫혀있던 질이 열림(음경을 수용토록)
→ 분비물(윤활제) 나옴 → 음경의 삽입 용이
→ 자궁이 확대, 수직으로 상승(임신의 가능성이 높임)

ⓑ 성적 흥분 → 질 주위가 팽창 → 쾌감을 증가시킴
→ 오르가즘에 이르는 기반 마련

③ 한번 얻기는 힘들지만 오래도록 지속되는 여성의 오르가즘

표 9. 남녀 오르가즘의 비교

항목	남성	여성
성감 형태	- 급격하게 상승하여 급격하게 하강	- 완만하게 상승하여 완만하게 하강
도달시간	삽입 후 3-5분 이내	삽입 후 10~20분 이내
도달비율	거의 100%	10-30%는 무오르가즘
지속시간	순간적	지속
쾌감정도	쉽게-짧게	어렵게-길게
도달회수	1회	여러차례 가능(멀티오르가즘)
감각 포인트	음경	음핵과 G점

ⓐ 남성과 여성이 오르가즘에 도달하는 시간적 차이로 인하여 많은 여성들이 오르가즘에 도달하지 못 한 채 성교가 중단된다

ⓑ 한국성과학연구소(1998), 기혼여성 1,400명(6대 도시) 조사:
1/3은 질을 통하여, 1/3은 음핵을 통하여, 1/3은 질과 음핵 양쪽을 통하여 오르가즘을 얻음

ⓒ 무오르가즘
여성이 오르가즘에 도달하기 어려운 이유
- ▸ 긴장완화(relax)가 충분히 되어 있지 않았기 때문
- ▸ 재치있는 자극을 받지 못하였기 때문
- ▸ 마음속에 있는 성을 열지 않았기 때문

(3) 진화와 오르가즘(데스먼드 모리스 박사)

■ 오르가즘은 두 가지 측면에서 진화
첫째, 한 쌍의 남녀관계를 더욱 더 결속시켜 준다
둘째, 임신 가능성을 크게 높여주는 역할을 한다

오르가즘은 인간이 환경에 적절히 대처하기 위해 진화한 결과

5) 여성을 위한 배려- 전희와 후희

표 10. 전희와 후희의 특징

항목		설명
전희	정의	- 성교를 하기 전의 준비 행위로서 즐거운 성 활동의 일부분
	필요성	- 여성은 '사랑받는 느낌'을 얻게 되고 오르가즘에 도달할 준비 - 여성은 늦게 오르가즘에 도달하기 때문 → 충분히 흥분하게끔 (남성은 조루 방지됨) - 여성은 질만으로 오르가즘을 느끼는 것이 아니라 음경의 삽입을 원하는 상태까지 만드는 것이 오르가즘의 깊이를 결정하기 때문
	방법	- 대화, 애무
후희	정의	- 성교 직후에 하는 다정한 행위
	필요성	- 성교의 완성, 더욱 결속
	방법	- 포옹, 애무, 대화, 잠

2. 성 기능 장애

1) 정력

표 11. 정력의 의미

구분	설명
사전적 의미	(精力) 정신과 기력, 기운차게 활동하는 힘
성적인 의미	사정할 때까지의 지탱 시간, 성적인 행위를 하고 싶은 횟수

- 정력 : 의욕, 자신감, 적극성, 능동성 등과 연관
  또한 성적 능력이나 성 기능과 연관

2) 성 기능 장애의 종류

- 성기능 장애란? 성교의 전 과정 중 어느 한 과정에서라도 이상이 있는 경우

표 12. 성기능 장애의 종류

성별	종류
남성	조루증
	지루증
	발기부전증(임포턴스)
	전립선 질환
	성교두통
	고자
여성	성욕 장애
	성 흥분 장애
	극치감 장애
	성교통증
	질경련

3) 남성 성 기능 장애

(1) 조루증

① 조루증의 특징

표 13. 조루증의 특징

항목	설명
개념	- 남성이 사정 반사를 수의로 조절할 수 없어 성교 시 자신이 원하는 것보다 빨리 사정하는 현상 - 남성의 성기능 장애 중 가장 흔한 장애
유형	가성(假性), 심인성, 과민성, 쇠약성 (next table)
원인	심리적, 신체적, 기타
치료	심리, 행동, 약물, 수술

② 조루증의 유형

표 14. 조루의 유형

유형	설명
가성(假性)	_ 장기간의 금욕이나 과도한 긴장 - 미숙한 초보자나 독신자의 경우
심인적	- 대뇌의 성감이 지나치게 강하여 작은 자극에도 과도한 흥분을 느끼는 경우
과민성	- 성기의 감각이나 사정 신경이 너무 예민해 그다지 흥분하지 않는데도 사정해 버리는 경우
쇠약성	- 중년 이후 및 정신노동자에게 흔한 유형으로 사정근육이 이완된 경우

가성(假性): 증세는 비슷하나 그 병과 다른 성질

③ 조루증의 치료

표 15. 조루증의 치료법

치료법	특징
심리요법	- 성행위에 대한 교육을 통해 두려움 제거 - 여성은 남성에게 정신적으로 안정을 취할 수 있게 유도
행동요법	- 자위행위를 통한 사정시간을 연장 훈련 - 압착술 - 냉수와 온수를 바꾸어 가면서 목욕 - 성자극을 피하고 체질을 강화
약물요법	- 세로토닌의 효과를 증가시켜 사정을 지연 - 감각을 둔하게 하는 연고를 사용
수술요법	- 음경배부 신경차단술 - 음경배부 T-자형 실래스틱 보형물 삽입술

(2) 지루증

표 16. 지루의 특징

항목	설명
정의	조루의 반대현상으로, 질 내에서 사정하기 어려운 상태
원인	대부분 심리적인 요인
치료	-자위행위로 사정 훈련 → 여성의 도움으로 사정 직전에 질 내에 삽입 → 사정

(3) 발기부전(impotence)

① 발기부전의 특징

- 서울대의대 보라매병원(손환철 교수), 1998-2000년, 서울과 분당, 일산에 거주하는 40~79세의 기혼 남성 1356명 조사한 결과, 84.4%가 크고 작은 발기장애

표 17. 발기부전의 특징

항목	설명
정의	- 남녀가 모두 만족스러울 정도의 성교를 할 수 있도록 발기가 충분하지 않거나, 발기가 되더라도 성교를 완료할 때까지 계속해서 발기상태를 유지하지 못하는 경우가 전체 성생활 중 25%이상 일어날 때
분류	경미, 중간, 심함
원인	심리적, 신체적, 생활습관

② 발기부전의 원인

표 18. 발기부전의 원인

<table>
<tr><th>구분</th><th colspan="2">종류</th></tr>
<tr><td rowspan="2">심리적 요인</td><td colspan="2">스트레스성</td></tr>
<tr><td colspan="2">사회문화성</td></tr>
<tr><td rowspan="11">신체적 요인</td><td rowspan="2">혈관</td><td>동맥</td></tr>
<tr><td>정맥</td></tr>
<tr><td rowspan="2">신경</td><td>중추신경</td></tr>
<tr><td>말초신경</td></tr>
<tr><td colspan="2">호르몬</td></tr>
<tr><td colspan="2">약물 부작용</td></tr>
<tr><td rowspan="5">질병</td><td>당뇨병</td></tr>
<tr><td>고혈압</td></tr>
<tr><td>심장병</td></tr>
<tr><td>전립선 수술</td></tr>
<tr><td>신장질환</td></tr>
<tr><td rowspan="3">생활습관</td><td colspan="2">담배</td></tr>
<tr><td colspan="2">술</td></tr>
<tr><td colspan="2">카페인</td></tr>
</table>

③ 발기부전 치료

표 19. 발기부전의 치료방법과 특징

<table>
<tr><th>구분</th><th colspan="2">종류</th></tr>
<tr><td>심리적 요법</td><td colspan="2">캐플란의 성치료</td></tr>
<tr><td rowspan="6">약제요법</td><td colspan="2">먹는 약제</td></tr>
<tr><td colspan="2">붙이는 발기 유발제</td></tr>
<tr><td rowspan="2">호르몬 요법</td><td>3중 약물 혼합요법</td></tr>
<tr><td>4중 약물 혼합요법</td></tr>
<tr><td colspan="2">발기유발제 요도주입법</td></tr>
<tr><td colspan="2">발기유발제 자기주사요법</td></tr>
<tr><td>도구요법</td><td colspan="2">진공 발기 유발기구</td></tr>
<tr><td rowspan="5">수술요법</td><td rowspan="2">혈관수술</td><td>동맥 재건술</td></tr>
<tr><td>정맥 결찰술</td></tr>
<tr><td rowspan="3">음경 보형물</td><td>굴곡형</td></tr>
<tr><td>자기팽창형</td></tr>
<tr><td>세조각 팽창형</td></tr>
<tr><td>유전자 치료</td><td></td><td></td></tr>
</table>

④ 약제의 종류

표 20. 먹는 발기부전 치료제의 종류와 특징

항목	비아그라	시알리스	레비트라
개발회사	Pfizer	Eli Lilly	Bayer
성분명	실데나필	타다라필	발데나필
약효	4~5시간	24~36시간	약 4시간
장점	- 발기부전 치료 최초의 약품으로 인지도가 높다	-다른 제품에 비해서 약효시간이 길다	-약효가 나타나는 시간이 빠르다
부작용	두통, 안면홍조	두통, 안면홍조	

(4) 전립선 질병

표 21. 전립선 관련 질병과 성기능

구분		종류
전립선과 성 기능 관계		- 전립선의 가운데로 요도가 지나가므로 전립선이 비대해지거나 염증이 생기면 자연히 배뇨작용에 이상, 또한 사정관이 자극되면 조루나 사정통증
질병		전립선 비대증, 전립선염
치료	전립선 비대증	약물요법, 수술요법
	전립선염	요도세척

4) 여성 성 기능 장애

(1) 여성 성 기능 장애의 원인

표 22. 여성 성 기능 장애의 원인

구분	종류	성 기능 장애 현상
호르몬	(폐경기)	- 성욕에 영향
약물	- 항우울제, 혈압강하제, 수면제, 이뇨제, 항히스타민제	- 성욕, 흥분 및 극치감 도달에 장애
질병	- 질염, 방광염, 당뇨, 고혈압, 동맥경화	- 외성기로의 혈액순환과 감각에 이상
신경 및 근육 손상	- 교통사고 - 수술	- 외성기의 감각에 장애
사회문화적 원인	- 파트너와의 불충분한 관계 - 성행위에 대한 죄의식	- 성욕 장애, 불감증
기타	- 선천성 질 및 자궁의 기형 - 성추행이나 강간을 당한 경우	- 성교통증, 불감증, 질경련

(2) 여성 성 기능 장애의 종류

표 23. 여성 성 기능 장애의 종류와 특징

종류		특징
성욕 장애	성욕저하 장애	- 성행위에 관한 성적 환상과 욕구가 결핍된 경우
	성혐오 장애	- 성기접촉을 혐오하고 피하는 것
성흥분 장애		-부분적 또는 완전하게 흥분기의 윤활-팽창 반응을 획득 또는 지속하지 못하는 특성
극치감 장애	정신적 요인	- 흔히 불감증이라 한다. - 자극의 강도에 비추어 반응이 없거나 너무 미약하고, 반복 또는 지속적으로 극치감이 억압되는 것
	건강요인	
	성경험 요인	
	약물요인	
성교통증		- 성교동통, 성교 시 통증
질경련		- 삽입하려고 할 때 질의 근육이 수축되어 음경 삽입을 방해하는 현상

(2) 여성 성 기능 장애의 치료

표 24. 여성 성 기능 장애의 치료

종류	특징
약물치료	-주로 호르몬 보충요법
정신적 치료	-성적 부적합성은 초기 발단단계에서의 갈등 → 갈등 해소
부부 성치료	-결혼의 다른 측면에서의 불균형이나 오해를 해결 -정신적 행동적 양쪽 측면서 치료

*** 정리**

- 성교는 대화와 마찬가지다. 주고받아야 하므로 일방적이거나 너무 서둘러서는 좋지 않다.
- 평상시의 좋은 생활습관으로 성 기능 장애를 예방할 수 있다.
- 건전한 부부생활과 사회생활을 한다면 성 기능에는 큰 문제는 없을 것이다.
- 성기능에 장애가 있을 때, 가장 중요한 것은 배우자와 대화하면서 서로 협력하는 것이다.

*** 토의**

1. 여성이 오르가즘을 느낄 수 있는 결정적인 신체 기관(부분) 두 곳은?

2. 음경이 발기되는 원리를 혈관과 관련지어 설명하면?

제10장 수정과 임신

*** 학습목표**

- 수정과 착상의 과정을 안다.
- 임신의 징후와 임신 중 성생활에 대해 안다.
- 아들딸 가려 낳기의 생물학적 근거를 안다.

*** 학습 내용**

1. 수정과 착상
   1) 수정의 의미　　2) 최초의 만남을 준비
   3) 수정　　4) 착상

2. 임신
   1) 임신의 징후　　2) 임신 중 신체의 변화
   3) 임신 중의 성생활　　4) 자궁 외 임신

3. 쌍둥이
   1) 쌍둥이의 특징　　2) 일란성 쌍둥이　　3) 이란성 쌍둥이

4. 아들딸 가려 낳기
   1) 아들과 딸이 결정되는 원리
   2) 아들딸 가려 낳기의 생물학적 근거
   3) 선택적인 수정확률을 높이는 조건

1. 수정과 착상

1) 수정의 의미

- 수정(fertilization)이란 2개의 생식세포가 만나 정자의 핵과 난자의 핵이 결합함으로써 염색체수가 복상(2n)으로 회복되는 현상
- 수분(受粉, pollination, 꽃가루받이)과 다르다.
- 유성생식을 하는 생물에서 다양하고 우수한 유전자를 가진 생식세포를 결합시키는 방향으로 진화. 예) 자가수정 방지(근친교배 방지), 다수의 웅성 생식세포(경쟁)
- 다정자수정 방지(일부 생물 제외)

2) 최초의 만남을 준비

(1) 수억 마리의 정자가 질 속에 유입된다.

(2) 수백-수천 마리가 난자의 표면에 도착한다.

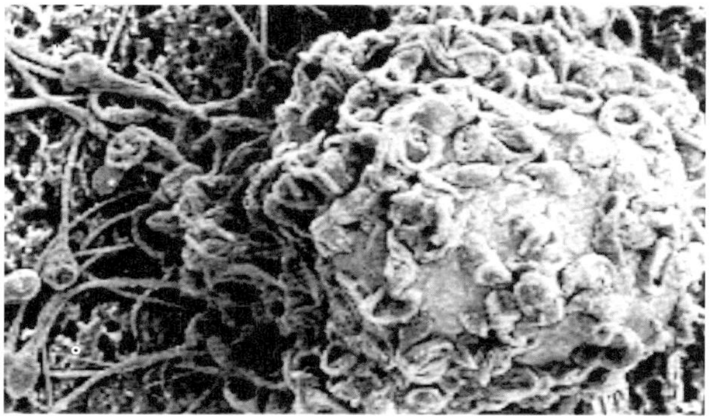

그림 1. 사람의 정자에 둘러싸여 있는 난자
(김명원, 2002)

(3) 가장 먼저 도착한 정자의 첨체에서 효소가 분비되어 난자 주위의 투명대를 용해시키고 정자의 머리만 난자로 들어간다.

(4) 난자의 표면에 수정막이 형성되어 다른 정자의 침입이 방지된다.

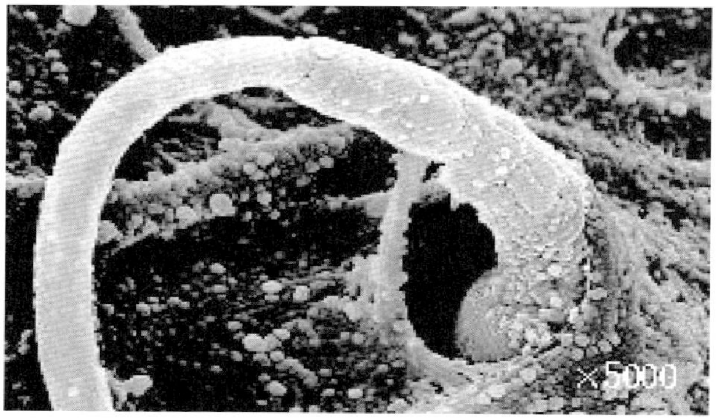

▲ 난자 속으로 들어가는 정자의 모습
그림 2. (http://210.179.14.131/study/ch_1/ch1_4_3_3.htm 050123)

3) 수정

(1) 정자의 핵과 난자의 핵이 융합된다.

(2) 정핵(n) + 난핵(n) → 수정란(2n)으로 되는 핵융합

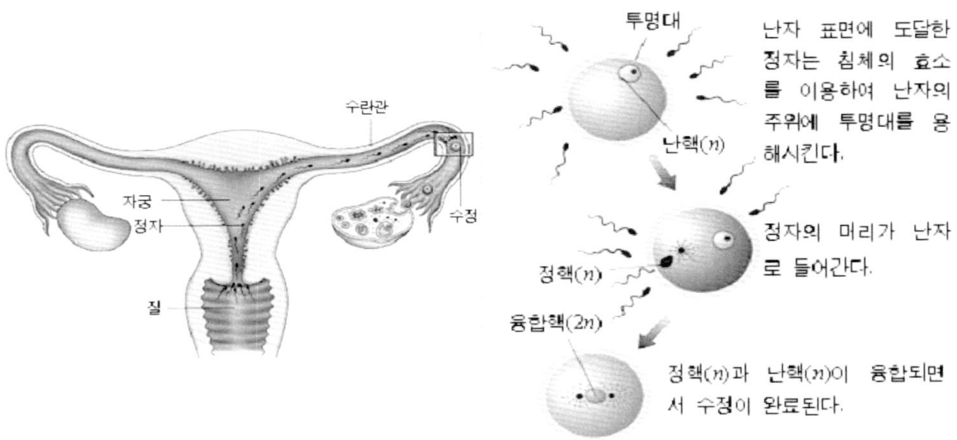

그림 3. 수정과정 (http://210.179.14.131/study/ch_1/ch1_4_3_3.htm 050123

4) 착상

- 난관의 윗부분에서 수정된 수정란이 분열을 계속하면서 난관을 따라 자궁으로 내려와 배란된 지 5-7일 후에 자궁 내벽에 함몰되는 현상

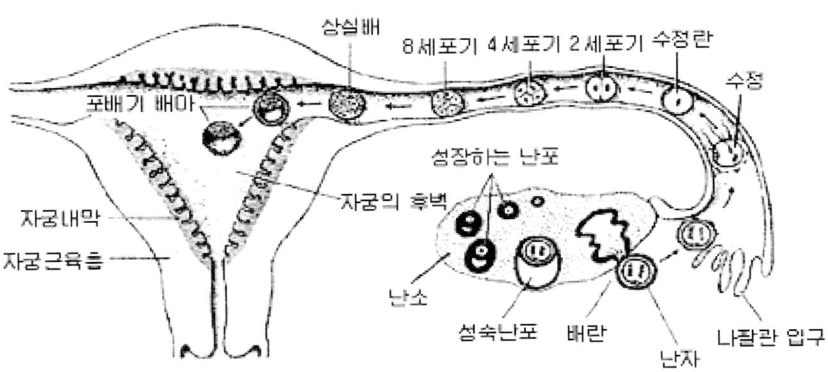

그림 4. 수정과 착상 과정 (난할 단계)

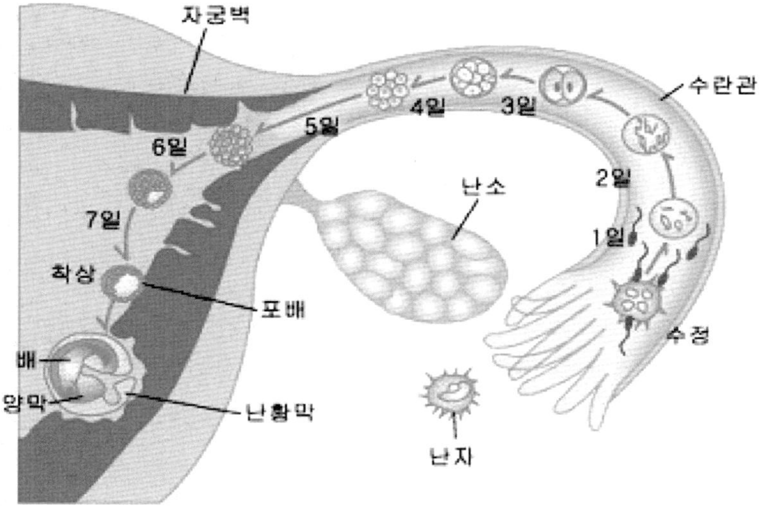

그림 5. 수정과 착상 기간

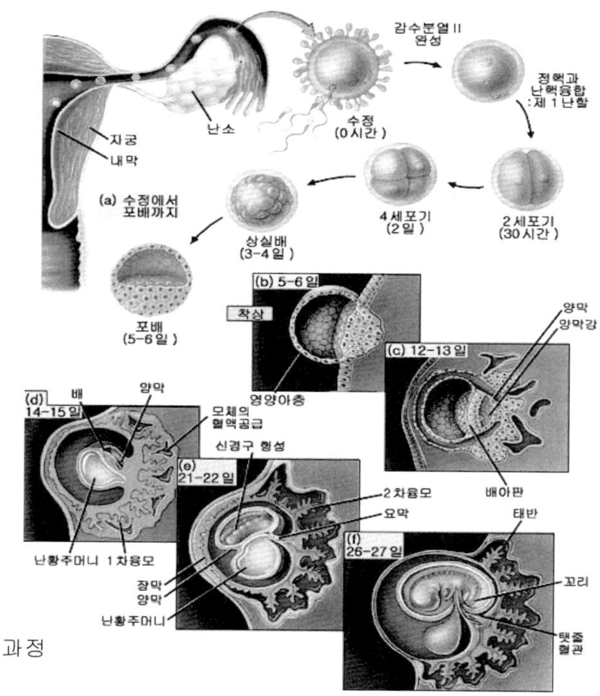

그림 6. 수정에서 태반 형성까지의 과정

2. 임신

임신 : 수정란이 수정내막(자궁내막)에 착상된 경우를 말함
태반의 형성 : 태아와 모체 사이의 물질 교환이 일어나며 태반호르몬이 분비됨

1) 임신의 징후

표 1. 임신의 징후

상태	특징
월경	여성호르몬의 작용으로 월경이 정지
융모성 생식선 자극호르몬(HCG)	소변에 검출
소변	소변량 증가와 방광의 압박으로 빈뇨
변비	소화기관의 활동둔화
위장	소화기관의 활동 둔화
입덧	- 갑자기 증가된 호르몬에 의해 또는 태반에서 나오는 물질에 의해 냄새에 예민, 식성의 변화

2) 임신 중 신체의 변화

표 2. 임신 중 신체의 변화

단계	기간	변화
임신 초기	1-4 개월	- 월경정지, 입덧, 성심리에 변화, 신경예민, 약간 불안, 태아의 외적인 성별 구별 가능
임신 중기	5-7 개월	- 체중증가, 태동, 유방커짐, 태아성장으로 가슴이 압박되어 숨이 답답, 안정기간, 초유 나옴
임신 후기	8-10 개월	- 위장에 압박감, 태아의 머리카락 성장 - 출산준비

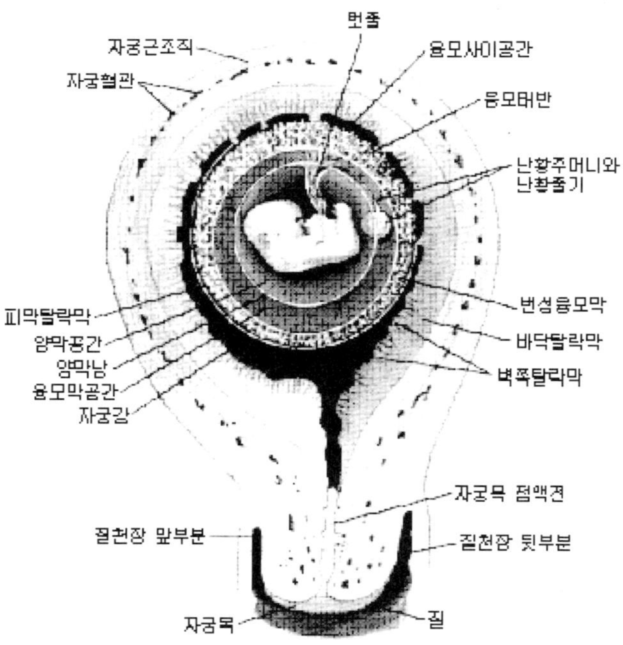

그림 7. 임신 7주 후 자궁의 종단면: 태반과 태아막이 보임.

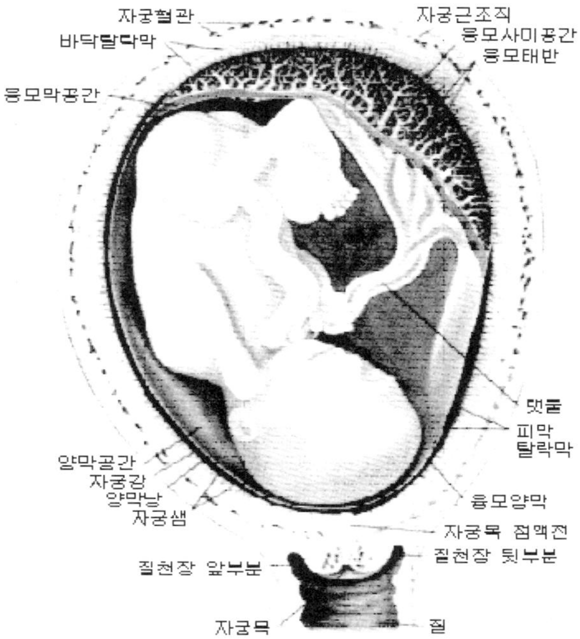

그림 8. 임신 16주의 자궁 종단면.

Q. 태아의 위치와 그 유리한 점은?

3) 임신 중 성 생활

표 3. 임신 중의 성 생활

항목	변화 또는 대처
성기	충혈
성욕	왕성
애무	- 성기에 과격한 애무는 삼가, 유방에 대한 부드러운 애무는 산후 수유에 도움
회수	- 회수를 일정하게 정할 수는 없고 무리하지 않도록, 10개월째부터는 금욕을 권장
체위	- 과격한 남성 운동은 삼가, 자궁입구를 자극하지 않는 체위, 정상위와 승마위는 가급적 피하고 측위(후측위, 전측위)가 비교적 안전, 너무 깊이 삽입하지 않도록 주의

- 임신 중의 성교는 태아의 머리에 충격을 주어 정신박약아나 음란한 아이가 생긴다고 생각하는 것은 잘못
- 임신 중에도 성교 가능
- 아내는 남편을 무조건 멀리해서는 안됨
- 무조건 남편의 절제를 강요하는 것은 가정불화의 원인
- 임신 중에는 남편의 따뜻한 사랑과 아량이 베풀어져야 함

4) 자궁 외 임신

자궁 외 임신의 종류로는
자궁경부임신, 난관임신, 난소임신, 복강임신, 자궁내외 동시임신 등

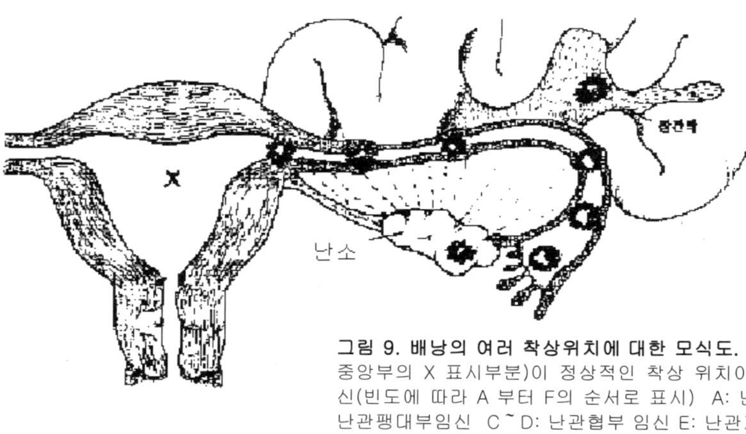

그림 9. 배낭의 여러 착상위치에 대한 모식도. 자궁의 후벽(자궁 중앙부의 X 표시부분)이 정상적인 착상 위치이며, A~F 난관임신(빈도에 따라 A 부터 F의 순서로 표시) A: 난관상부 임신 B: 난관팽대부임신 C~D: 난관협부 임신 E: 난관자궁부임신 F: 난관채부 임신 G: 복강임신 H: 난소임신 (문명진, 2000)

3. 쌍둥이

1) 쌍둥이의 특징

표 4. 쌍둥이의 특징

항목		특징
정의		- 한 모체에서 한 번 분만에 두 개체로 태어난 신생아
일란성 쌍둥이	원리	- 1개의 난자에 1개의 정자가 수정되었으나 발육하는 도중에 어떤 계기로 둘로 나누어진 경우, 3가지 경우
	특징	- 반드시 성별이 같고 양친에게서 받은 유전형질도 같다
	샴쌍둥이	- 흉부가 결합된 쌍둥이
이란성 쌍둥이	원리	- 두 개의 난자에 두 개의 정자가 각각 수정해서 발육하는 것
	특징	- 성(sex)은 반드시 일치하지는 않으며, 보통의 형제자매와 같은 정도

2) 일란성 쌍둥이

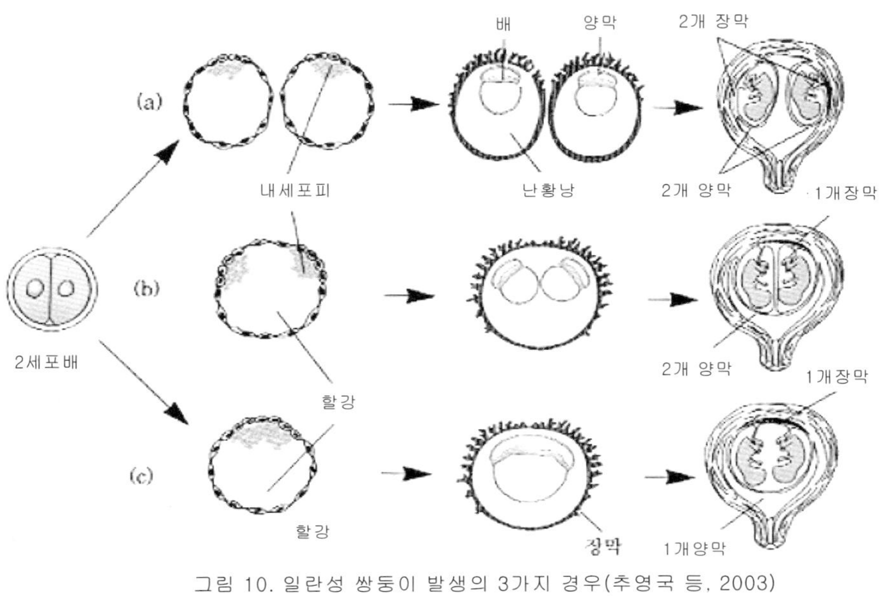

그림 10. 일란성 쌍둥이 발생의 3가지 경우(추영국 등, 2003)

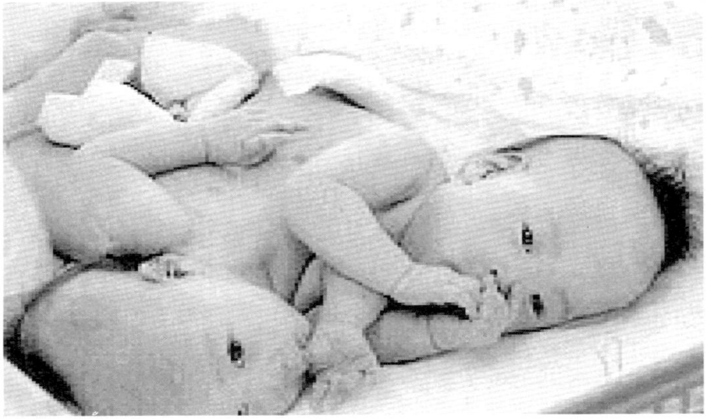

그림 11. 샴 쌍둥이 (일란성 쌍둥이 중 흉부가 결합)

3) 이란성 쌍둥이

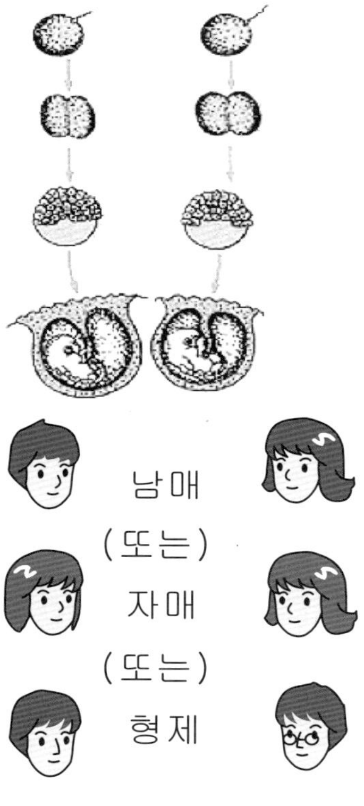

그림 12. 이란성 쌍둥이 발생

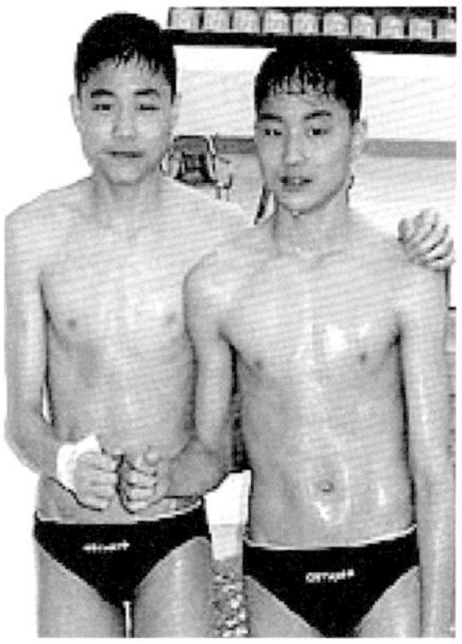

그림 13. 2003년 전국 소년체전 싱크로다이빙에서 금메달을 따낸 이민택(왼쪽, 형)과 유택의 이란성 쌍둥이 형제

4. 아들딸 가려 낳기

1) 아들과 딸이 결정되는 원리

난자는 모두 X성염색체를 가지고 있지만, 정자는 X성염색체를 가진 것(X정자)과 Y성염색체를 가진 것(Y정자)이 있다.

2) 아들딸 가려 낳기의 생물학적 근거

(1) 정자의 특징

표 5. X정자와 Y정자의 특징

구분	X정자	Y정자
ph에 대한 활동성	산성에서 활동력이 왕성	알카리성에서 활동력이 왕성
수명	3~5일 정도로 길다	1~2일 정도로 짧다
이동속도	느림	빠름
크기	크다	작다

(2) 기타 상황

표 6. 기타 상황

생식기관	상황
질과 자궁경부	- 질 입구는 산성, 자궁경부는 알칼리성 - 여성이 오르가즘을 느낄 때 분비물은 알칼리성
배란일	- 자궁점액이 연해져서 정자가 통과할 수 있음 - 그리고 알카리성으로 변함
정소	- 체온보다 낮을 때 정자 생산 왕성

3) 선택적인 수정확률을 높이는 조건

표 7. X정자 또는 Y정자가 선택적으로 수정될 확률을 높이는 조건

조건	X정자의 수정률을 높이기 위하여	Y정자의 수정률을 높이기 위하여
정소의 상태	따뜻하게	시원하게
질 내의 상태	산성으로(식초수로 세척)	알카리성으로(소다수로 세척)
남녀의 체질	산성으로	알카리성으로
성교 날짜	배란일 이전에(질이 산성)	배란당일에(질이 알카리성)
성교 시간	피곤할 때(몸이 산성화)	피곤하지 않을 때
오르가즘	여성의 오르가즘 전에 사정	여성의 오르가즘 후에 사정

*** 정리**

- 배란일이 되면 자궁경부에 점액이 묽어져 정자가 통과할 수 있게 된다.
- 난관 상부에서 수정이 되며 약 7일 후에 자궁에 착상한다.
- 임신 중에도 성교는 가능하며 횟수나 체위에서 무리하지 않아야 한다.
- 정자의 종류에는 **X**정자와 **Y**정자가 있으며, 이들은 질과 자궁경부의 상태에 따라 수정확률이 다르다.

*** 토의**

1. 수정이 일어나는 곳은 난관의 어느 부분?

2. **X**성염색체를 가진 정자의 특징 **2**가지는?

제11장 출산과 유산

*** 학습목표**

- 정상적인 출산과정을 안다.
- 본인에게 적절한 출산법을 선택할 줄 안다.
- 자연유산의 원인을 알고 예방할 줄 안다.

*** 학습 내용**

1. 출산
   1) 출산의 결정요인
   2) 출산 예정일
   3) 정산 출산의 과정
   4) 출산의 종류
   5) 결론
   6) 태반의 가치
   7) 출산 후 관리

2. 유산
   1) 임신과 유산의 정도
   2) 유산의 원인

1. 출산

1) 출산의 결정 요인

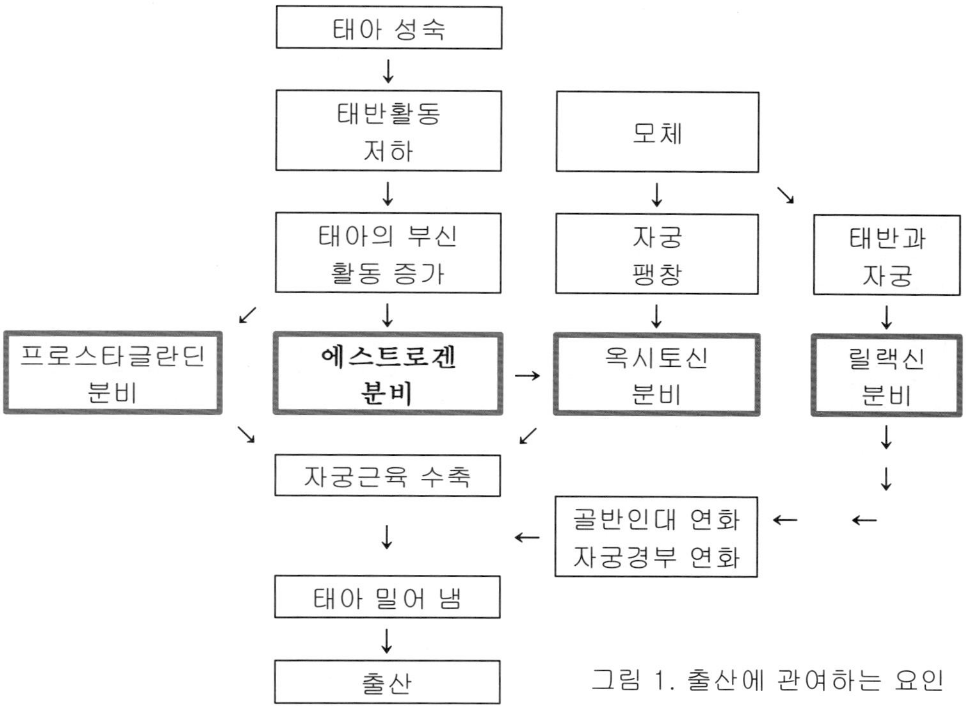

그림 1. 출산에 관여하는 요인

2) 출산 예정일

- 임신지속기간은 수정란이 착상하고서부터 출산까지
- 임신전 마지막 월경 시작일부터 계산하여 대체로 280일째
- 280일 = 40주 = 280/30 = 9개월 10일
- 예정일에 출산하는 경우는 약 4% 정도(대체 ± 2주간)
- 1~3월: 임신전 마지막 월경시작일에서 월에는 +9, 일에는 +7
  예) 2월 1일이면 11월 8일 예정
- 4~12월: 월-3, 일+7
  예) 5월 5일이면 2월 12일 예정

3) 정상 출산의 과정

(1) 제1기: 개구기(준비기)

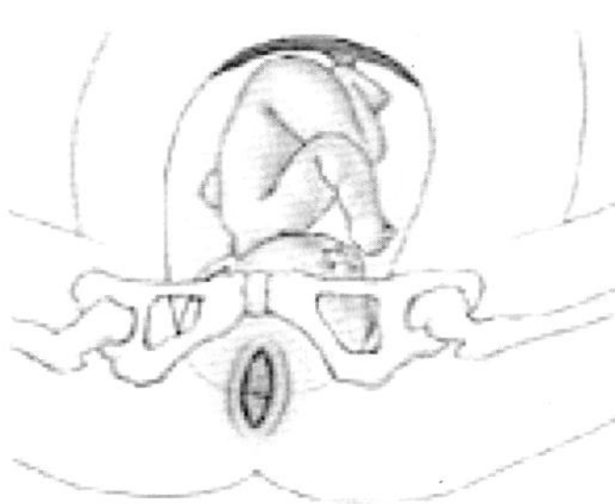

그림 1. 개구기(준비기)
(http://myhome.naver.com/sanmobang/030417)

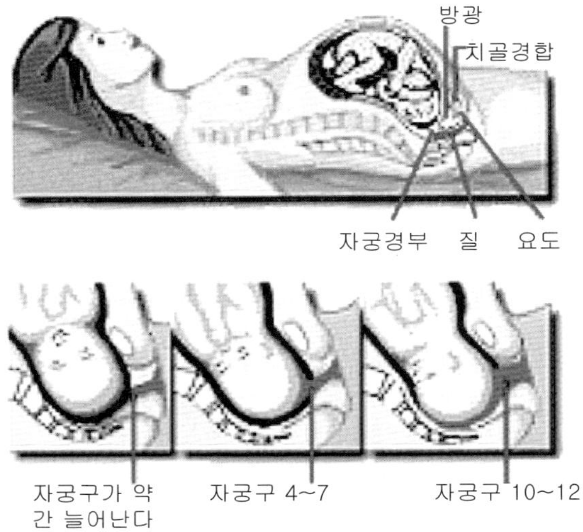

그림 2. 개구기 (http://www.kwanak.hs.kr/lee/분만123.htm - 02.5.1)

(2) 제2기: 배출기(만출기, 산출기)

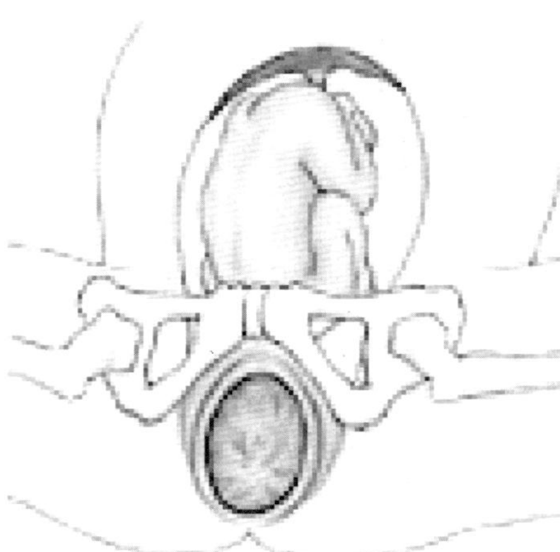

그림 3. 배출기(산출기)
(http://myhome.naver.com/sanmobang/030417)

그림 4. 배출기(산출기)
(http://myhome.naver.com/sanmobang/030417)

(3) 제3기: 후산기

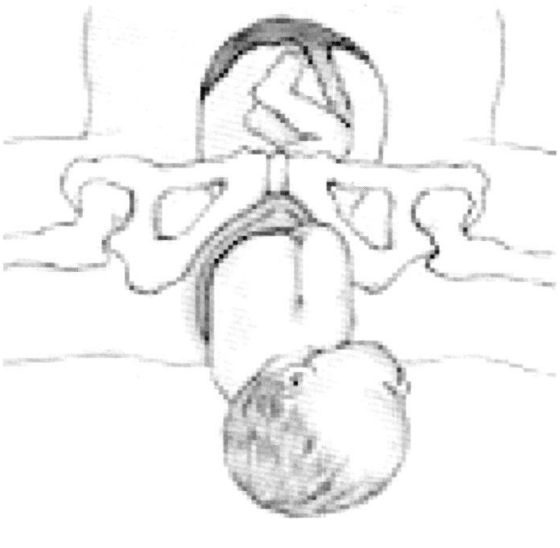

그림 5. 후산기
(http://myhome.naver.com/sanmobang/030417)

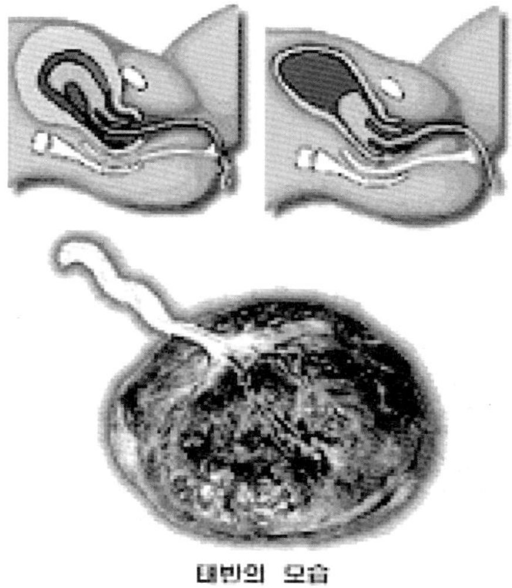

그림6. 후산기
(http://www.kwanak.hs.kr/lee/분만123.htm - 02.5.1)

(4) 출산과정 요약

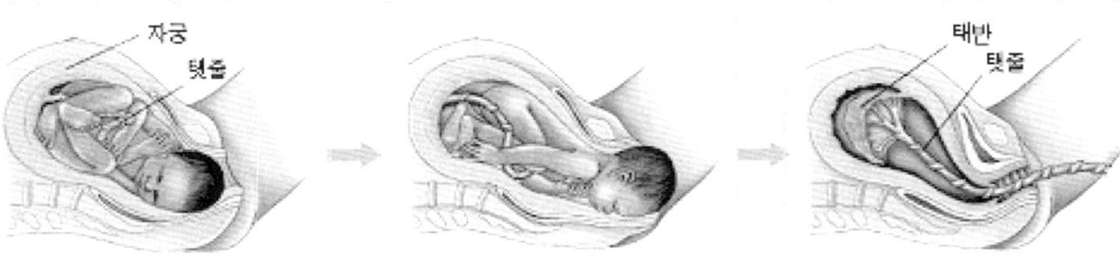

제1단계 : 자궁 경부가 확장되고, 아기의 머리가 이 곳을 통과해서 질속으로 들어간다.

제2단계 : 아기가 분만 통로를 통하여 바깥으로 나온다.

제3단계 : 태반의 일부와 탯줄이 바깥으로 나온다.

그림 7. 출산시 태아의 이동
(http://210.179.14.131/study/ch_1/ch1_4_3_4.htm 050102)

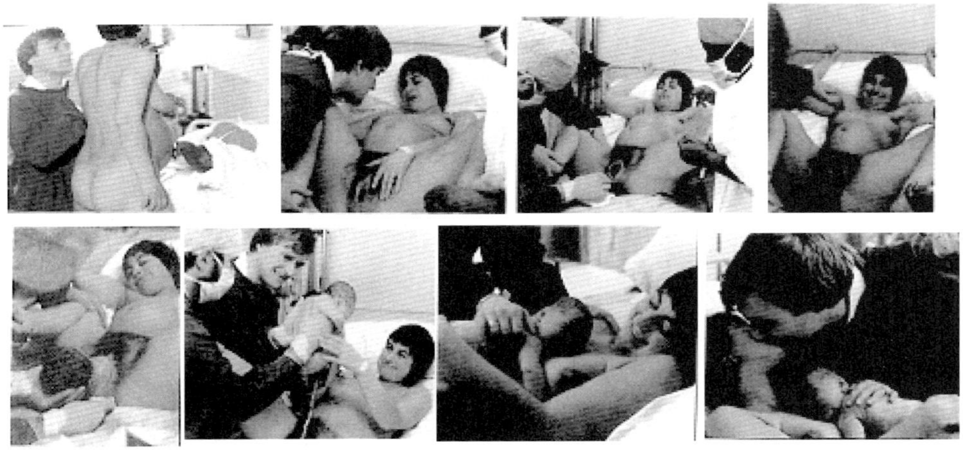

그림 8. 출산과정 (추영국 등, 2003)

4) 출산의 종류

표 2. 출산의 종류

기준	출산의 종류
약과 수술의 사용여부	자연: 정상, 기체조, 듀라, 라마즈, 르봐이예, 브래들리, 소프롤로지, 좌식, 그네, 수중
	인공: 겸자, 흡입, 유도, 마취, 제왕절개
산파의 유무	자연(정상), 듀라
산도의 통과 여부	산도(자연), 제왕절개
태아의 위치	정상위, 역위(둔위)
출산시기	만삭, 조산, 과숙아

(1) 자연출산

① 정상출산

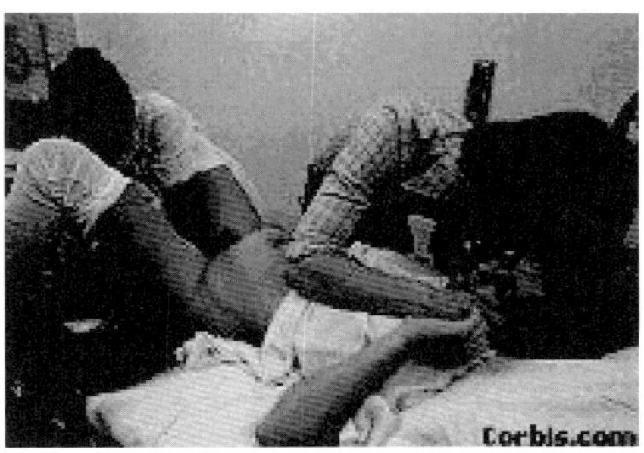

그림9. 정상출산 모습
(http://img.srch.yahoo.co.kr/imgs/6472/51035_2.jpg/030417)

② 라마즈출산

■ 정신신체 운동과 특수호흡법을 이용하여 산모의 진통을 분산, 이완시켜 보다 편하게 출산하는 방법이다.

■ 라마즈 출산법의 세가지 요소 : 연상법, 이완법, 호흡법을 통해 진통의 강도를 줄이고, 출산의 진행을 빠르게 진척시킨다.

③ 소프롤로지 출산

■ 명상과 근육이완을 통한 출산법

④ 좌식출산

그림10. 좌식출산
(http://www.clinickorea.com
/childbirth.html 040512)

⑤ 그네출산

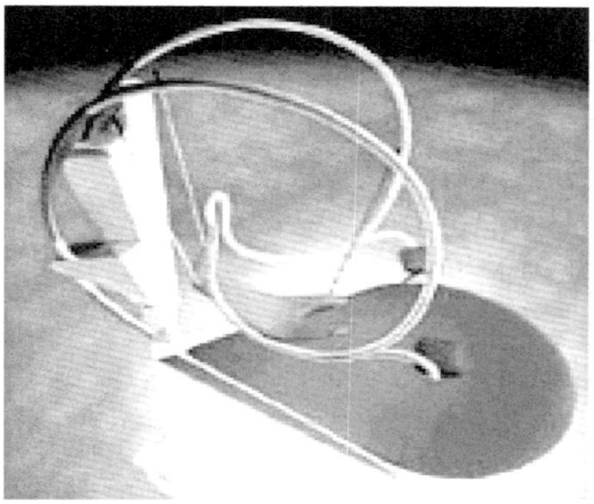

그림 11. 그네출산대 (http://www.gg/roma/romais2.htm 040512

⑥ 수중출산

- 양수와 동일한 조건의 물 속에서 아기를 낳는 방법
- 뮤지컬 배우인 최정원씨가 2000년 물 속에서 아이를 낳는 방송이 나간 후에 산모와 일반인들에게 큰 관심의 대상이 된 출산법

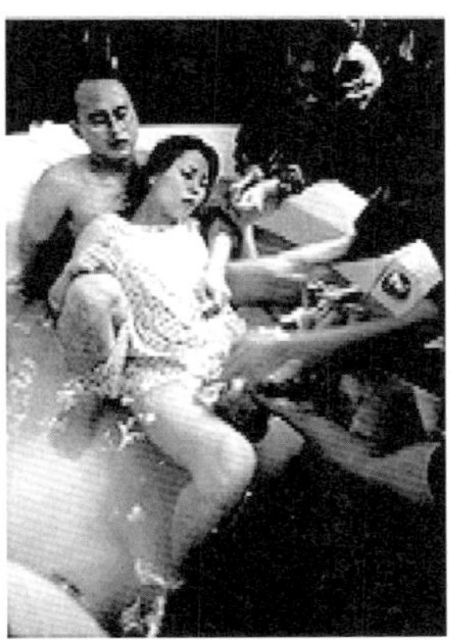

그림12. 연극인 최정원씨 수중출산 장면 (http://img.srch.yahoo.co.kr/imgs/6472/51038-1.jpg 030417)

(2) 인공출산

① 마취출산

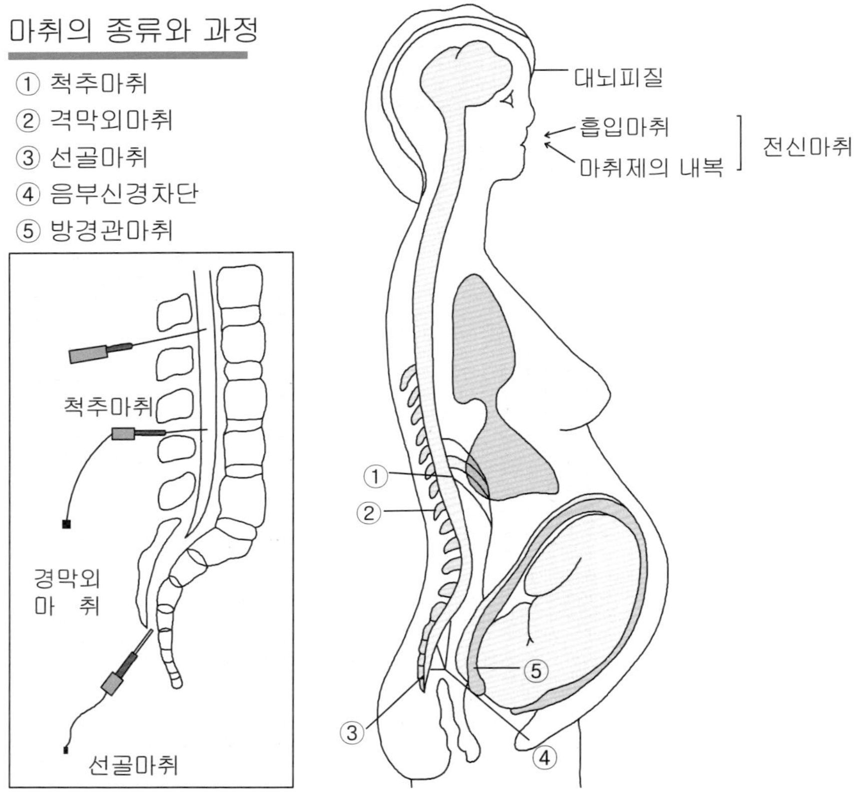

그림 13. 마취의 종류와 과정

② 제왕절개 출산

ⓐ 좁은 골반
ⓑ 고령 임신
ⓒ 전치태반
ⓓ 역위(둔위) 태아
ⓔ 태아에게 이상
ⓕ 심한 임신 중독증

엉덩이가 먼저 나온다

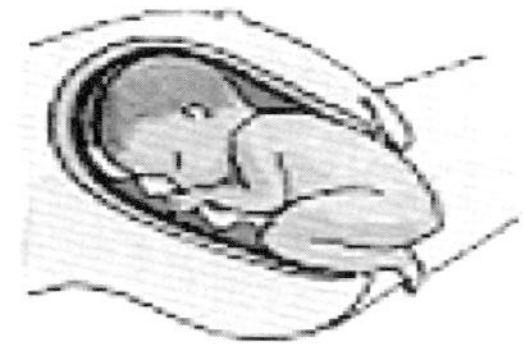

엉덩이와 발이 함께 나온다

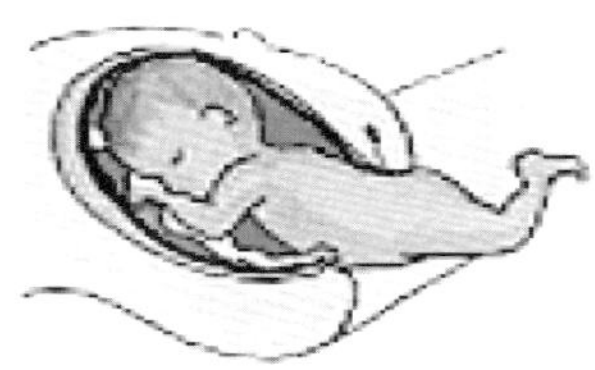

양쪽발이 나온다

그림14. 역위 태아의 출산과정
(http://user.chollian.net/~buzzmi/ 0305017)

5) 결론

- **출산 문화**는 변해야 한다.

- 임신과 출산의 과정은 신성하다, 그러므로 출산은 모체와 태아가 소중히 다뤄져야 하며 산모와 태어나는 아이가 중심이 되는 온 가족의 축제이어야 할 것이다.

- 우리나라의 경우, 많은 변화가 있지만 출산은 힘들고 고통스러우며 남자들은 참여할 여지도 명분도 없는 여자 혼자서 감당해야 하는 몫인 것처럼 되어 있다. 이제 다양한 출산법 중 그 부부에게 알맞은 방법을 적용하여 여자로서 참아야만 하는 고통과 희생만이 강요된 과정이 아니라 임신과 출산에 있어 아빠와 가족이 모두 함께하는 축제이며 생명에 대한 경의로움과 책임감을 가슴 깊이 느끼는 행사이어야 할 것이다.

6) 태반의 가치

- 각종 의식의 소재로 쓰일 만큼 신비롭고 귀한 상징물
- 선조들은 탯줄을 소중히 여김
- 만성 질환을 앓고 있는 사람에게 태반을 구해 먹이는 일도 있었다.

(1) 신약으로 각광받는 태반과 탯줄 혈액

- 태반과 탯줄의 혈액은 림프구가 면역학적으로 미성숙하여 골수를 이식하는 것보다 부작용을 일으킬 확률이 적고 성공률도 높음

- 탯줄의 혈액은 왕성하게 분열하기 때문에 골수이식보다 효과적

(2) 플라센타 추출물

- 태반에서 추출한 화장품 성분
- 세포에 영양 공급을 하여 세포의 발육을 촉진
- 그 효과가 증명된 것은 없다.
- 플라센타 함유한 크림을 영양(나리싱, nourishing) 크림

7) 출산 후 관리

(1) 산욕기

- 산욕기(puerperium)란 분만이 끝난 후 임신과 출산으로 인한 신체적 변화가 임신 전의 상태로 돌아가는 기간으로 보통 산후 6주간

① 자궁의 수축
② 젖 분비
③ 산후의 성생활

- 산후 4~6주가 지난 다음부터 성 생활은 가능
- 상처의 통증이 있을 때에는 삼가
- 성생활 삼가 이유: 하나 - 여성에게 불감증을 유발할 수 있다.
  둘 - 넓어진 질로 인해 성감이 감소될 수 있다.
  셋 - 성생활에 흥미를 잃을 수도 있다.

(2) 평생 최고의 선물인 모유

■ 젖 사출의 원리

- 프로락틴의 분비로 젖 생산 → 옥시토신에 의해 젖 사출
- 아기 울음소리, 피부접촉, 아기냄새로 젖사출이 유발

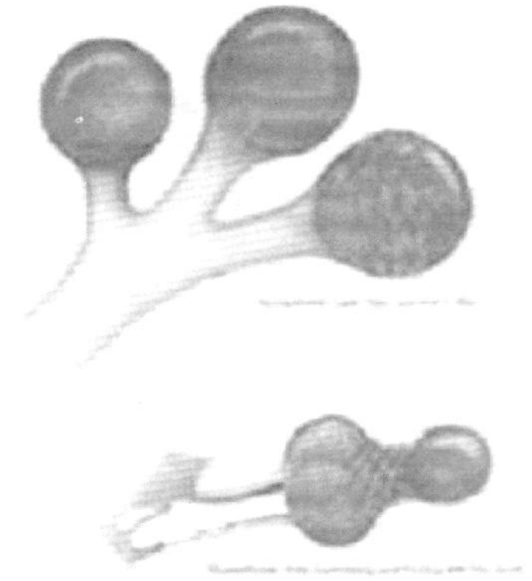

그림15. 젖샘조직
(http://mowu119.com/mowu119/clinic/breast_acting.htm 030717)

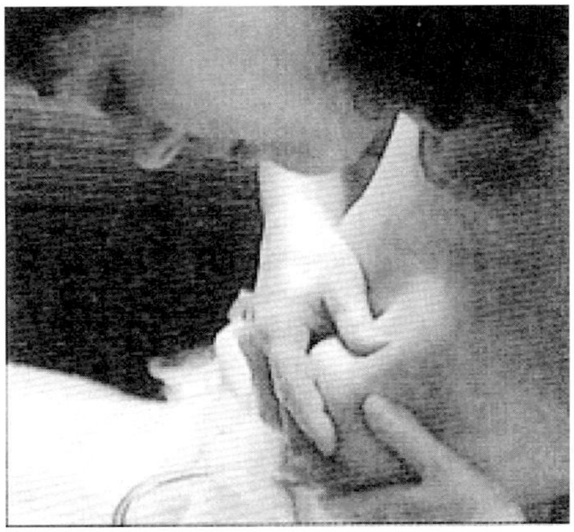

그림16. 모유의 분비 (추영국 등, 2003).

① 모유수유가 아기에게 좋은 이유

- 모유에는 면역물질인 라이소자임이나 글로불린이 포함
- 모유에는 불포화 지방산

② 모유수유가 엄마에게 좋은 이유

- 임신 중에 늘었던 체중감소
- 유방암이나 난소암에 걸릴 확률 줄어듬
- 옥시토신이 분비되어 자궁을 수축 시킴
- 프로락틴이 분비되어 산후우울증 감소
- 배란이 지연되어 자연 피임 효과

③ 모유수유의 사회 경제적 이득

- 질 좋은 영양공급
- 비용 절감(분유, 의료비)

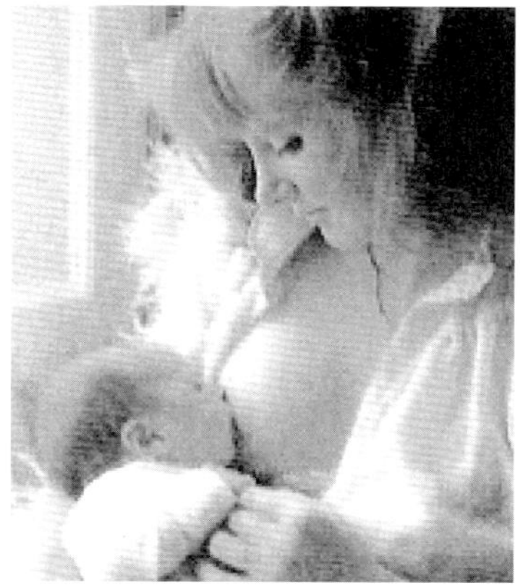

그림 17. 모유의 수유(추영국 등, 2003)

(3) 모유 수유의 결론

■ 젖을 물리는 것은 아기나 엄마의 일생 중 몇 개월이라는 짧은 기간이며, 아기의 일생에서 가장 소중한 선물인 모유수유의 성공 여부는 그 무엇보다도 엄마의 의지가 가장 중요하다.

■ 사랑하는 아기가 태어난 것에 대해 감사하는 자세와 건강하게 키우고자하는 적극적인 자세가 필요할 것이다. 영재교육보다 순산과 모유수유가 더 좋은 출발점이다. 이처럼 출발이 좋아야 끝도 좋듯이 자연산으로 건강하게 우리의 아이들을 키우도록 노력해야 할 것이다.

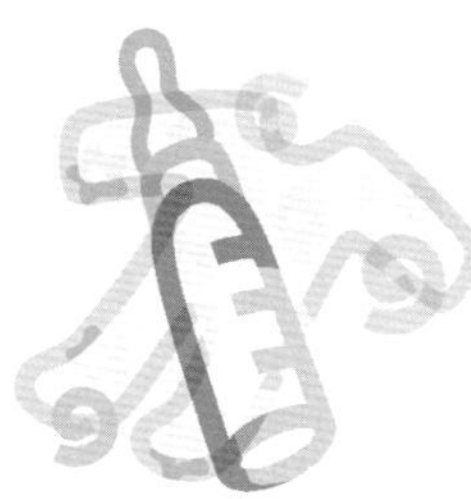

2. 유산

1) 임신과 유산의 정도

유산(流産, abortion)이란 태아가 태어나서 생존이 가능할 정도로 발육하기 이전에 태아가 자궁 밖으로 나와 버려서 임신이 끝나버리는 현상

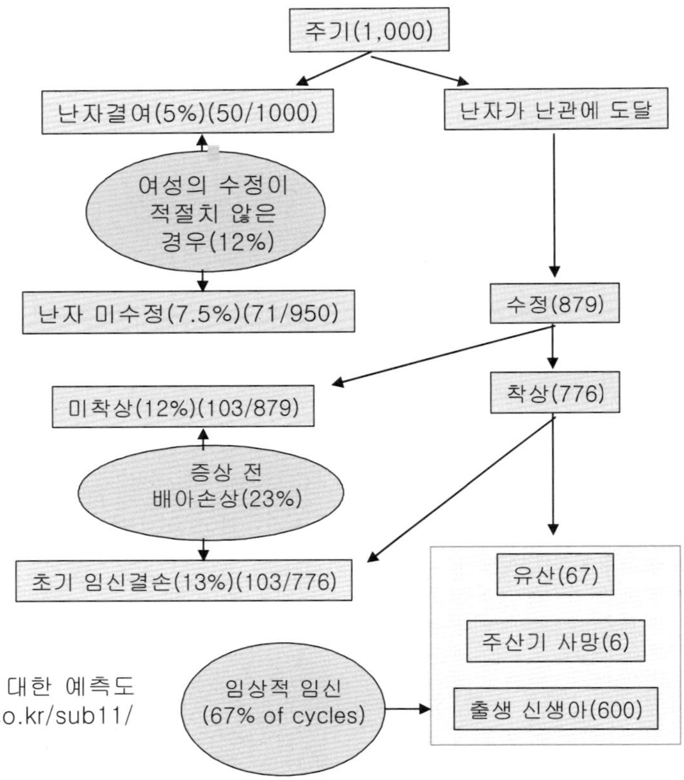

그림 18. 임신과 유산에 대한 예측도 (http://mail.clhospital.co.kr/sub11/bclinic_b.html 020517)

2) 유산의 원인

표 3. 자연유산의 원인

원인	원인에 따른 이상 정도
태아측 원인	태아의 발육이상(염색체 이상)
산모측 원인	-만성소모성 질환(결핵), 호르몬 이상, 심한 영양실조, 방사능이나 화학약품에 노출된 경우, 음주 및 흡연, 면역요인(Rh 음성인 산모), 개복수술, 생식기관 이상, 정서적 손상
부계인자	염색체 이상

표 4. 유산의 원인별 빈도

원인	빈도(%)
호르몬	17
해부학적	10
유전적	5
감염	5
원인불명(면역학적)	50
기타	13
계	100

*** 정리**

- 출산과정에는 개구기, 배출기, 후산기의 3단계가 있다.
- 여러 가지 분만법 중에서 산모와 태아 모두에게 좋은 출산법을 선택해야 한다.
- 유산의 원인에는 부모측의 신체적 이상, 질병, 약품에 노출 등의 원인도 많으므로 평소의 생활습관을 올바르게 가지고 임신 전에 건강을 체크하도록 한다.

*** 토의**

1. 분만 제3기(후산기)의 태아가 질로부터 완전히 빠져나온 직후, 탯줄과 태반은 어떤 상태인가?

2. 자연유산의 원인 중 모체 측의 원인 2가지는?

제12장 피임과 불임

*** 학습목표**

- 여러 가지 피임법의 장단점을 안다.
- 피임실패의 원인을 알고 본인에게 적합한 피임법을 선택할 줄 안다.
- 불임의 원인과 그 예방법을 안다.

*** 학습 내용**

1. 피임
   1) 피임의 결정요인 2) 피임법의 선택 3) 피임법의 구분
   4) 열손가락이 모자라는 피임법의 종류
   5) 우리나라에서 사용되지 않는 피임법 6) 피임보고서(피임현실)
   7) 피임실패의 원인 8) 피임실패의 대책

2. 불임
   1) 불임의 원인 2) 많은 시간이 필요한 불임 검사
   3) 불임의 치료 4) 불임의 예방법

1. 피임

1) 피임의 결정요인

피임의 결정요인

첫째, **피임의 효과가 확실하여야 한다.**

둘째, **부작용이 없어야 한다.**

셋째, **성생활에 영향을 주지 않아야 한다.**

넷째, **사용법이 간단해야 한다.**

다섯째, **비용이 적게 들어야 한다.**

여섯째, **피임이 실패하였을 경우에도 태아에게 나쁜 영향을 주지 않아야 한다.**

일곱째, **피임의 영향이 일시적이어야 한다.**

2) 피임법의 선택

- 각 종 피임법의 장단점을 알고 자기에게 맞는 피임전략을 짠다.
- 일부 방법에 대해서는 의사와 상담하는 것이 좋다.
- 피임기구의 경우는 가벼운 불편이나 증상은 자연 치유될 수도 있다.
- 피임의 종류와 방법은 많지만 100%의 피임법은 없다.
- 따라서 두 사람의 신체적인 특성과 상황을 고려하여 적절한 방법을 선택하는 것이 좋다.

3) 피임법의 구분

(1) 임신과정에 따른 구분

표 1. 임신과정에 따른 피임의 원리와 방법

임신과정에 따른 피임원리	피임방법
임신가능 기간에 금욕	월경주기 이용, 자궁경부 점액관찰법, 기초체온법
사정하여도 정자가 없도록 무정자 정액	정관수술
정자의 질 내 진입 방해	질외사정, 콘돔
질 내에 사정된 정자를 무력화 또는 자궁 입구 통과를 방해	살정제, 먹는 피임약, 자궁내장치
정자나 난자가 난관을 통과하지 못하도록	난관불임수술
정자 있어도 난자 없도록 배란을 억제	월경주기법, 먹는 피임약, 주사피임법
수정란이 착상하지 못하도록	사후피임약, 자궁내장치

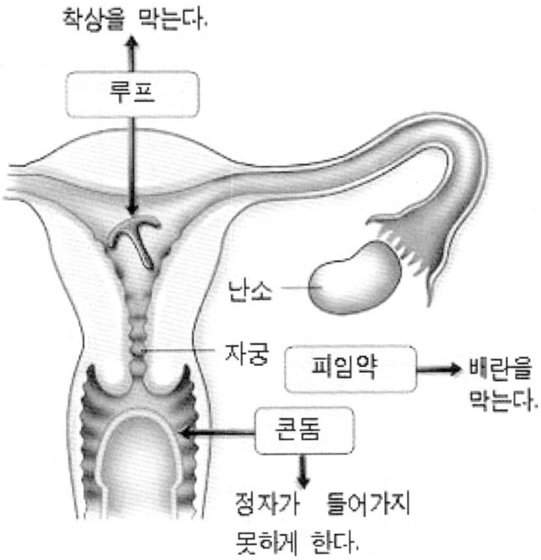

그림 1. 여러 가지 피임법
(http://210.179.14.131/study/ch_1/ch1_4_3_3.htm 050102)

(2) 피임지속기간에 따른 구분

■ 피임의 종류는 크게 **임시피임법**과 **영구피임법**으로 나눌 수 있다.

(3) 도구나 약품 사용에 따른 구분

표 2. 피임을 위해 사용하는 도구나 약품에 따른 분류

종류		원리
자연피임법	질외사정법	질외사정
	질세척법	정자가 자궁통과를 방해
	월경주기법	배란일 예정
	기초체온법	배란일 예정
	자궁경부점액	배란일 예정
도구이용법	콘돔	남성 사용
	자궁내장치	피임장치를 자궁내에 삽입
화학적 피임법	살정제	약품으로 정자를 죽임
호르몬법	피임패취	배란억제
	먹는 피임약	배란억제, 착상방해
	사후 피임약	수정란의 착상을 방해
	피하이식 피임약	호르몬을 피하에 이식
수술법	정관불임 수술	무정자 정액
	난관불임 수술	정자가 난관을 통과 못함

4) 열손가락이 모자라는 피임법의 종류

(1) 자연피임법

① 질외사정법

- 이론상으론 피임가능
- 그러나 실패율이 매우 높다.
- 사정 전에 쿠퍼선(Cowper's gland, 요도구선)에서 나온 점액에 일부의 정자도 함께 누출

② 질세척법

- 아무리 빨리 질 세척을 하더라도 사정 후 곧바로 자궁 내로 들어가는 정자들이 있다.
- 질을 세척하더라도 정자가 남아 있을 수 있다.
- 실패율 약 40%

③ 월경주기법

◆ 가임기 계산 방법**(http://www.scienceall.com, 020115)** ◆

첫째: 배란일은 다음 생리시작일에서 14일 이전이다.
둘째: 정자는 자궁 내에서 4일까지 살 수 있다고 하지만 안전을 위하여 5일간으로 한다.
셋째: 난자의 수명이 1일이다.
넷째: 월경주기의 불규칙을 고려하여 배란예정일 ±1일

◎ 임신 가능성이 있는 첫날 = (가장 짧은 월경 주기 - 14일 - 정자의 수명)

◎ 임신 가능성이 있는 마지막 날 = (가장 길었던 월경 주기 - 14일 + 난자의 수명)

예) 가장 짧은 생리주기 29일 - 14일 - 5일 = 10일(임신가능 첫날)
가장 긴 생리주기 31일 - 14 + 1일 = 18일(임신가능 마지막 날)

■ 문제점: 배란기의 변화

1	2	3	4	~	9	10	11	12	13	14	15 배란 1	16	17 배란 2	18	19	~	28	29 1	30 2	31 3
월경	월경	월경				**(짧은 월경주기에 의한) 임신 가능 시기 1**												월경	월경	월경
								(긴 월경주기에 의한) 임신 가능 시기 2												
						짧은 주기와 긴 주기를 종합한 임신 가능 시기														

그림 2. 짧은 월경주기가 29일이고, 긴 월경주기가 31일인 경우의 임신가능 기간 (피임기간)

④ 기초체온법

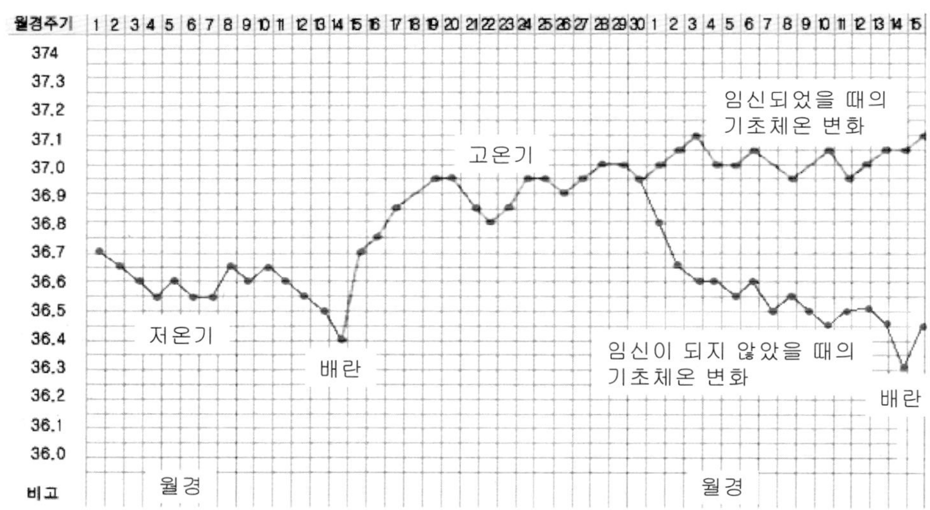

그림 3. 여성 생리주기와 체온의 변화
(http://www.newworld-i.com/page/ymd/bt.htm 030425)

⑤ 점액관찰법

그림 4. 자궁경부의 점액
(http:// catl.snut.ac.kr/~human/clinic/pm41.html 020604)

(2) 도구피임법

■ 도구피임법의 종류

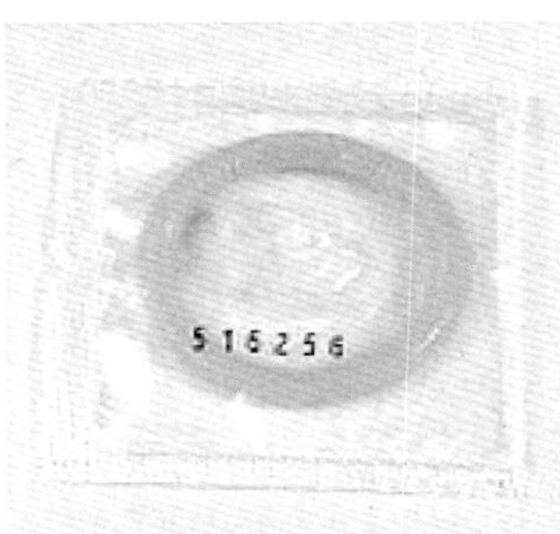

콘돔

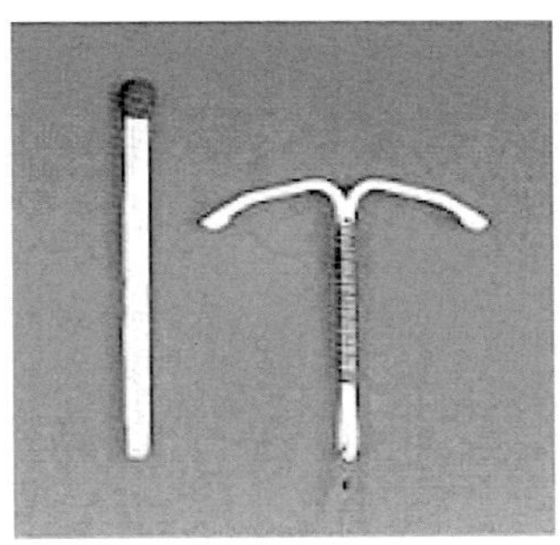

루프(자궁내장치)

그림 5 여러가지 피임 기구
(http://210.179.14.131/study/ch_1/ch1_4_3_3.htm 050102)

① 콘돔

그림 6. 콘돔 개봉전 모습
(http://www.piim.or.kr/in_info
.html 021021)

그림 7. 개봉한 콘돔의 모양
(http://user.chollian.net 020510)

■ 콘돔 사용법

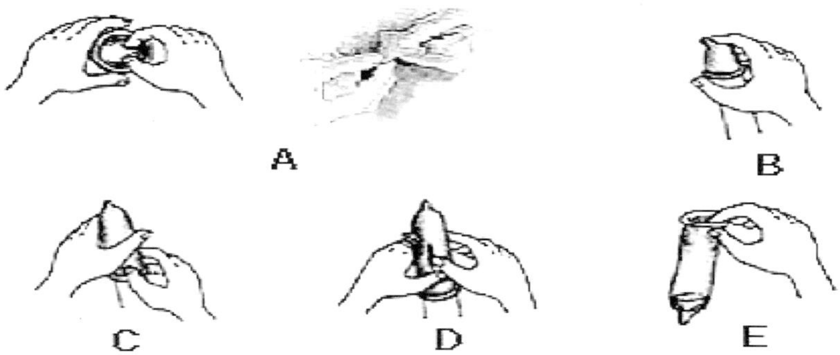

그림 9. 콘돔 사용법 (정경숙, 1999에서 변형)

A: 삽입 전에 착용한다.
B: 끝(정액받이)을 가볍게 비틀어서 공기를 뺀다.
C: 발기한 음경에 씌운다.
D: 말려있는 부분을 뱅글뱅글 풀어서 끝까지 내린다.
E: 손톱이나 반지 때문에 찢어지지 않도록 주의한다.
F: 사정 후에는 곧 질 내에서 빼내야 하며, 이때 정액이 콘돔 밖으로 흐르지 않도록 한다.

② 루프(자궁내장치)

■ 대단히 효과적
■ 안전
■ 한 번 삽입하면 수년간 피임
■ 세계적으로 가장 많은 여성들이 사용하는 피임법

단점

■ 간혹 여성 자신이 느끼지 못하는 사이 월경할 때 빠져 나올 수도 있다.
■ 월경량이 많아질 수 있다.
■ 의사만이 삽입과 제거를 할 수 있다.

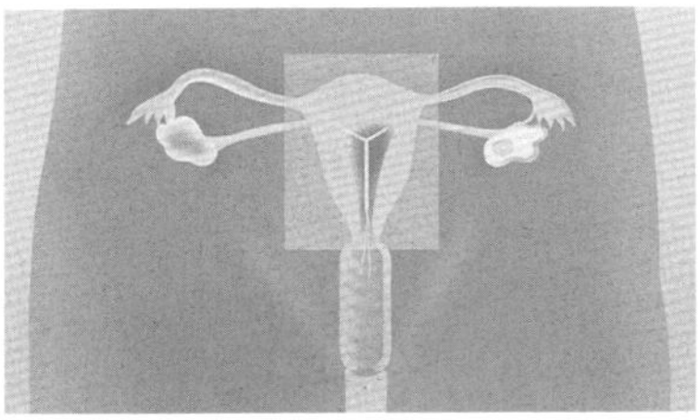

그림 10. 루프(자궁내장치)
(http://catl.snut.ac.kr/~human/
clinic/pm52.html 020604)

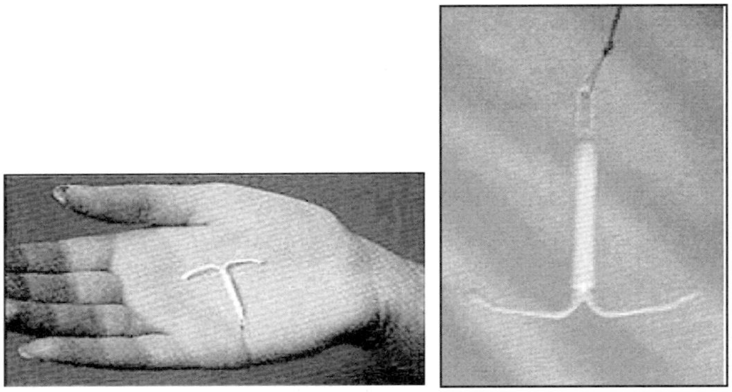

그림 11. 루프(자궁내장치)의 모습
(http://www.miglioreobgy.co.kr/ 010919)

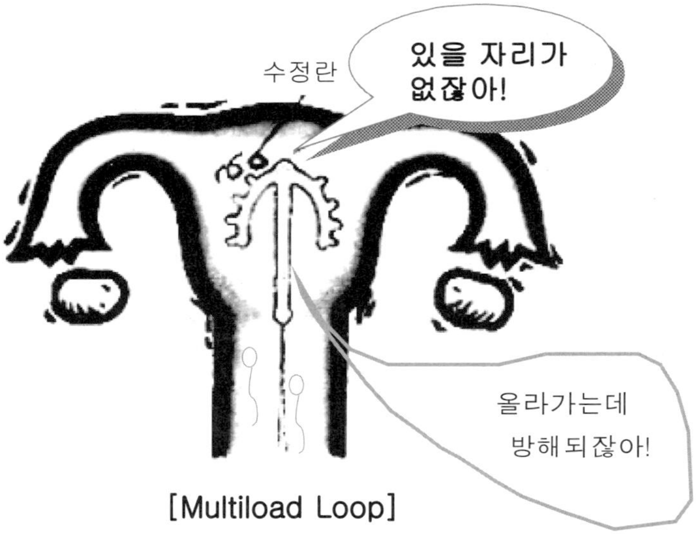

그림 12. 루프(자궁내장치)의 원리(정경숙, 1999)

(3) 약물피임법

① 살정제

- 종류에는 알약이나 좌약(거품성), 크림, 젤리, 살정제 묻혀진 질스폰지 등

< 사용방법 >
ⓐ 성교 전에 질 깊숙이 삽입
ⓑ 10분에서 15분 가량 기다렸다가 성교한다.
ⓒ 효과는 약 20분간 지속
ⓓ 피임의 효과를 높이기 위해 성교 후 6시간 동안 질 세척을 삼가
ⓔ 성교시간이 길어지거나 약이 질 밖으로 많이 흘러나왔을 때, 다시 삽입

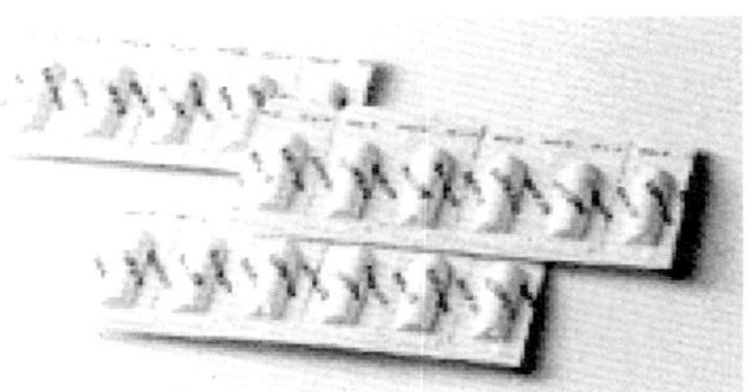

그림 13. 살정제(발포성)

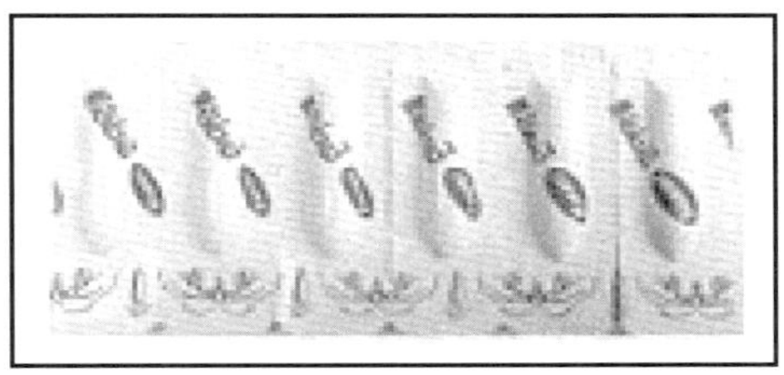

그림 14. 살정제

② 피임 패취

원리 : 에스트로겐과 프로게스테론의 미량을 피부를 통해 체내에 유입시켜 배란을 억제

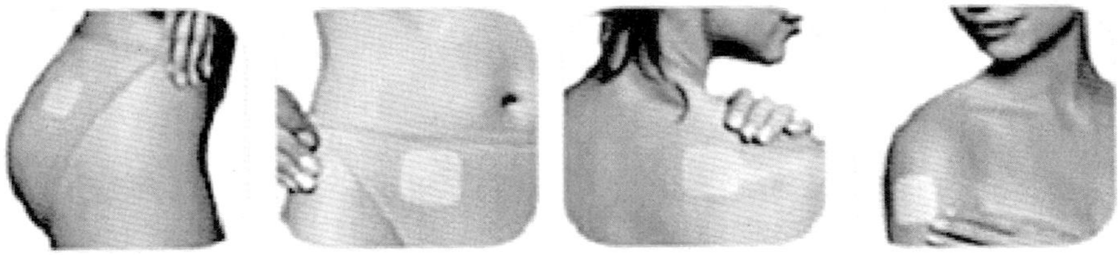

그림 15. 피임패취(http://www.medicomm.co.kr/sex/ 050116)

사용법 : 일주일에 한번씩 붙이는 자리를 바꿔가면서 3주동안 붙임
: 3주간 사용 후 1주일간은 쉬는데 그 때 생리가 시작됨
: 1주일간 쉬었다가 다시 붙이기 시작함

주의사항 : 패취는 일주일만에 반드시 새것으로 갈아 주지 못하면 피임 실패의 원인

(4) 먹는 피임약

- 흔히 필(pill)이라 부르며 에스트로겐과 프로게스테론을 함유한 약으로 배란을 중단시키는 효과

사용방법 : 28일이 한 주기이며 보통 21일 먹고 7일을 쉰다.

장점 : 피임효과가 확실
: 생리주기가 규칙적으로 변하며 생리통, 과도출혈, 생리전 불쾌 증세를 줄여 줌

단점 : 잊지 말고 복용

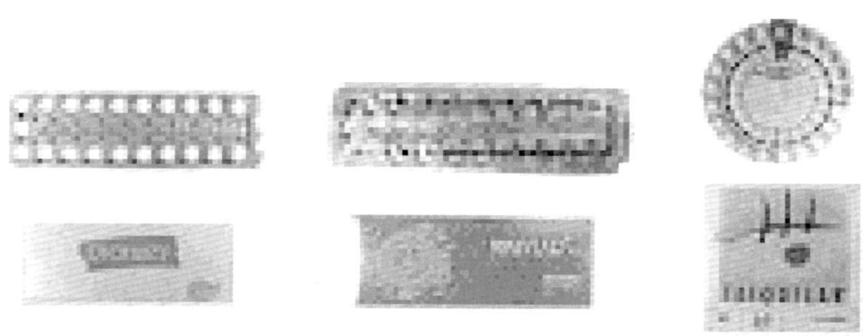

그림 16. 먹는 피임약 (http://www.scienceall.com/ 010919)

(5) 사후 피임

- 응급피임(emergency contraception)이라고도 함
- 방법으로는 자궁내장치와 사후피임약이 있음

① 루프(자궁내장치)

- 성관계 후 자궁내장치를 삽입하여 수정란의 자궁착상을 방해
- 성관계 후 5일 이내에 삽입하면 피임효과가 대단히 좋아서 99% 이상 효과

② 사후피임약

- 호르몬제제로서 성교 후 72시간 내에 복용해야 효과
- 성교 후 빨리 복용할수록 효과 높아짐
- 미주에서는 속칭 "morning-after pill"
- 원리 - 명확한 원리는 아직
  - 사정된 정자의 활동을 방해하고
  - 난관의 운동을 변화
  - 황체의 기능에 장애
  - 자궁내막을 변화시켜 착상을 막는다.

- 단점 - 실패율 25% 정도
  - 통상적인 피임약으로는 사용할 수 없다
  - 단 1회의 성교에 한하여 효과

(6) 수술에 의한 피임

① 피하이식 피임법

■ 원리 - 호르몬이 들어 있어서 배란억제, 착상을 방해

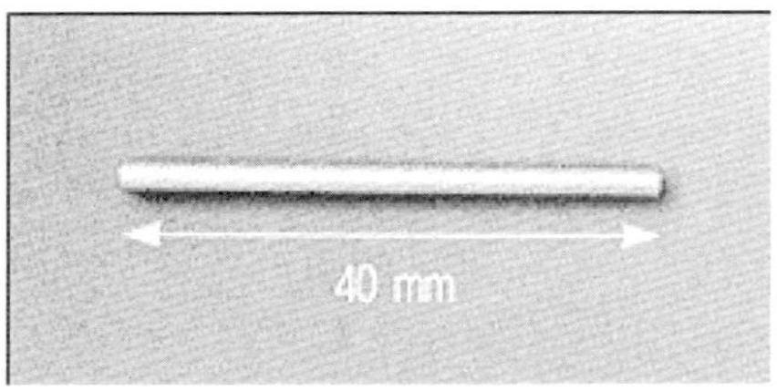

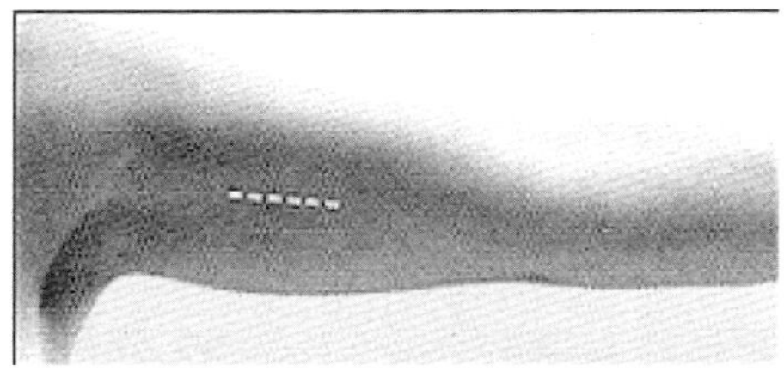

그림 17. 임플라논과 이식 부위 (http://www.miglioreobgy.co.kr/ 020621)

② 정관불임 수술

■ 영구피임 방법인 정관 불임수술을 받으면 고자가 되는 것 아니냐고 잘못 생각하는 경우가 있는데 절대로 그렇지 않다.

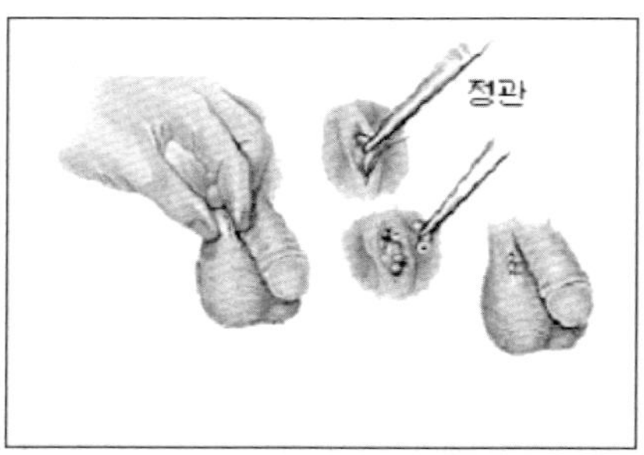

그림 18. 정관 절제수술의 위치
(http://www.scienceall.com/ 010919)

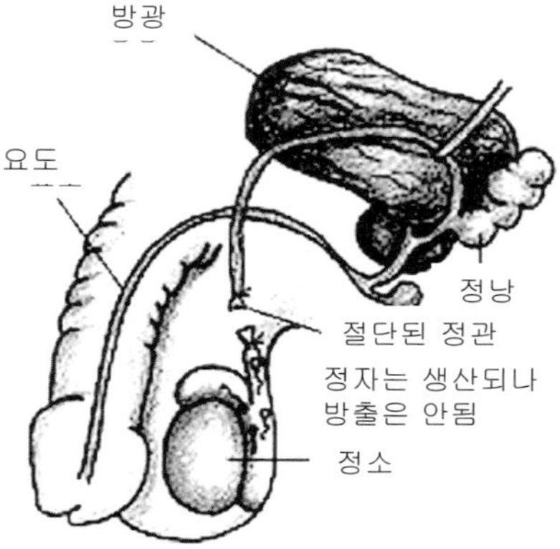

그림 19. 정관 절제수술(정경숙, 1999)

③ 난관 불임수술

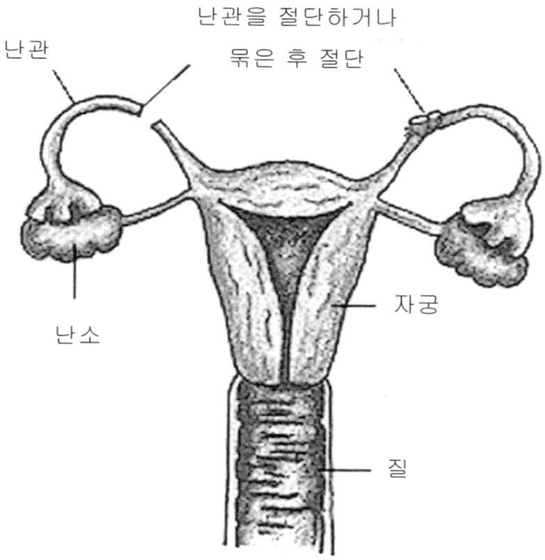

그림 20. 난관불임수술(정경숙, 1999)

④ 정관과 난관 불임수술

표 3. 정관과 난관 불임수술의 비교

항목	정관 불임수술		난관 불임수술	
	정관 결찰수술	정관 절제수술	난관 결찰수술	난관 절제수술
대상	남성		여성	
원리	정관을 막아 정자가 통과하지 못하도록 한다		난관을 막아 난자가 통과하지 못하도록 한다.	
방법	정관을 묶는다	정관을 자른다	난관을 묶는다	난관을 자른다
수술시간	10분			
피임효과	영구적	영구적	영구적	영구적
성호르몬 분비	정상	정상	정상	정상
수술비율	1		4	

Q. 우리나라에서 정관절제수술보다 난관절제수술 비율이 높은 이유?

1. 정력이 감퇴된다는 잘못된 인식

2. 높은 제왕절개 출산 : 제왕절개 출산 시 함께 할 수 있음

(7) 피임법과 피임률의 비교

표 4. 피임법과 피임률의 비교

피임법	피임성공률(%)	
	임호준(1997)	사이언스올 (http://www.scienceall.com 010919)
불임수술	거의 100	99.5
피임약	거의 100	97
자궁내장치	거의 100	98
콘돔	86~97	85
살정제	80	75
사후피임약	72	

Q. 불임수술도 100% 피임이 되지 않는 이유?

5) 우리나라에서 사용되지 않는 피임법

(1) 페미돔

■ 수요가 극히 적어서 수입을 중단

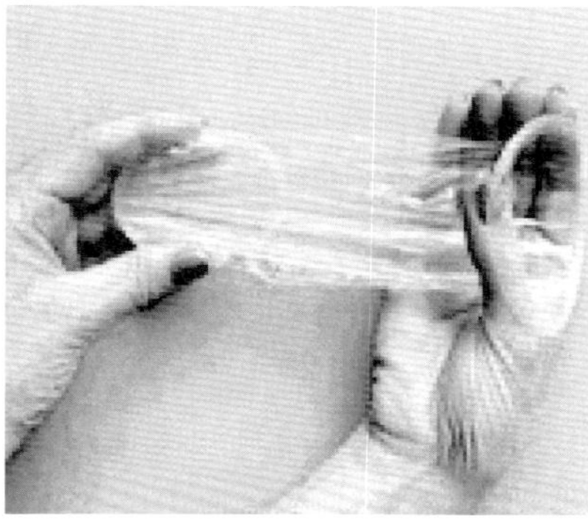

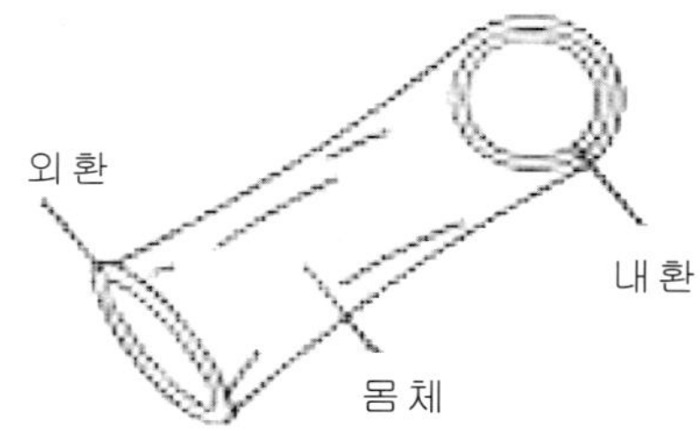

그림 21. 페미돔의 모양
(http://www.scienceall.com, 020115)

(2) 페서리

■ 피임실패율이 높고 사용하기가 불편하여 1970년도부터 차차 생산이 중단

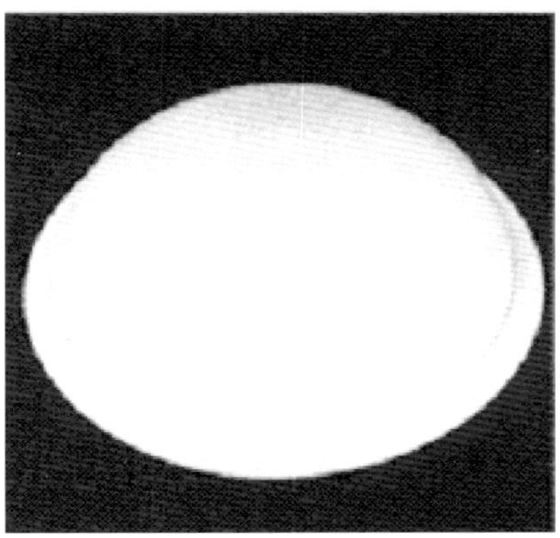

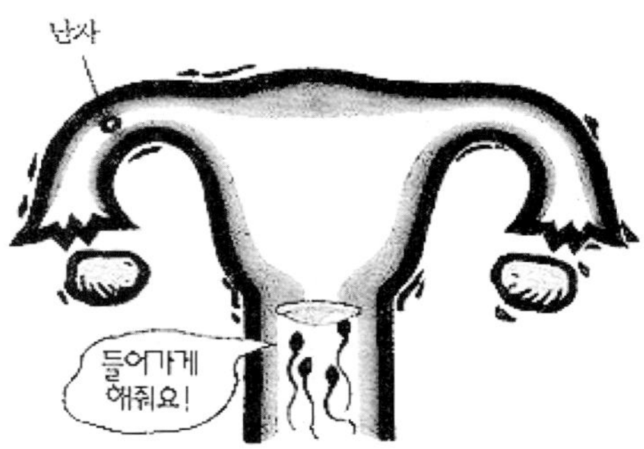

그림 22. 페서리 (http://hanmi.kisnet.co.kr/sex 030704).

(3) 자궁내장치 중의 리페스 루프(Lippes loop)

■ 우리나라에서 최초로 들어 온 루프로 부작용이 많아 지금은 유통되지 않는다.

(4) 자궁내장치 중의 그라비가드(Gravigard)

■ 칠레에서 개발한 피임장치로서 지금은 유통되지 않는다.

6) 피임보고서

TV의 '시사 고발' 프로에서 접하는 십대들의 성개방과 그에 따른 미혼모 이야기들을 보고 부모들은 생각한다. "우리 아이들은 아니겠지... " 그러나 현실은 부모들의 희망사항과 다를지 모른다.

(1) 첫경험은?

- 강요에 의해 첫경험
- 초등학생까지

(2) 피임은?

- 70% 이상이 피임 안 해
- 피임제안은 여학생이
- 콘돔 선호
- 여고생의 피임실천율이 낮은 이유

① 우발적인 성관계로 피임의 사전준비가 소홀해서
② 생식기관과 피임에 대한 지식이 부족해서
③ 사용할 수 있는 피임법이 한정적이어서
④ 피임도구를 구입하는 것이 부끄러워 구입이 꺼려져서
⑤ 피임사용이 남들에게 알려질까봐
⑥ 사회적으로 청소년들이 피임하는 것에 대한 따가운 시선이 두렵기 때문
⇒ 스스로가 챙겨야 할 문제다.

(3) 임신되면?

- 64%가 낙태

7) 피임실패의 원인

(1) 피임실패의 예

① **황홀한 경험 뒤의 결과:** 그와 첫 여행을 떠났다. 여름휴가라 더욱 들떴다. 파도소리가 귓전을 때리는 바닷가 앞 모텔, 창문 밖 하늘에는 별이 총총 뜨고 그와 나는 하나가 됐다. 설렘과 황홀함…. 세상에서 제일 행복하고 가장 사랑받는 기분이었는데…. 그 후 임신이라는 소식을 알리자 그는 휴대폰을 정지시켰다(여, 25세).

② **그녀는 아기를 원했다:** 그녀의 순결을 지켜주겠노라 맹세했다. 그런데 여름휴가로 떠난 여행, 나는 그녀를 지켜주지 못했다. 그녀는 아기를 원했다. 휴학을 하고 결혼하자고 했다. 그녀가 아기를 낳는 동안 나는 짧은 군복무를 치르고 함께 다시 복학할 것이다(남, 21세).

- 여름휴가가 끝나면 산부인과를 방문하는 여성이 많아지는 이유는?
- '바캉스 베이비'가 생긴다면 어떻게 하겠습니까?

(2) 피임실패의 배경

① 피임에 대한 남성의 이중성

- 임신이 되면 미리 대처를 못한 여성의 잘못으로 여기는 경향
- 여성이 사전에 준비를 하면 경험이 많은 헤픈 여자로 의심
- 남성 자신은 피임을 철저히 하지 않으면서 여성이 주도적으로 피임을 하려는 것에 대해서는 못마땅하게 생각하는 이중적인 생각

② 잘못된 피임지식

- 질외사정법이나 질세척법을 효과적인 피임의 방법으로 잘못 알고 있다.
- 또한 사후피임약(응급피임약)도 성공률이 72% 밖에 되지 않는다는 사실을 모르고 있다.

■ 낙태를 하면 그만이라는 생각

⇒ (태아의 생명을 없앤다는 비도덕적, 비윤리적 측면,
여성이 겪는 육체적, 정신적 고통)

⇒ **낙태를 사후 피임방법으로 취급하는 것은 아주 위험한 방법이다.**

③ 책임의식의 부재 혹은 잘못된 책임의식

■ 성관계가 '분위기나 상황에 휩쓸려서'
■ 혹은 '상대 남성의 요구'에 의해 이루어짐
■ 남성이 낙태비용을 대는 것으로 그 책임을 다했다고 생각하는 남녀의 잘못된 책임의식
■ 남성이 피임을 거부할 때 자신의 입장을 밝히지 못하고 남성 의견에 따르는 여성의 수동적 자세

8) 피임실패의 대책

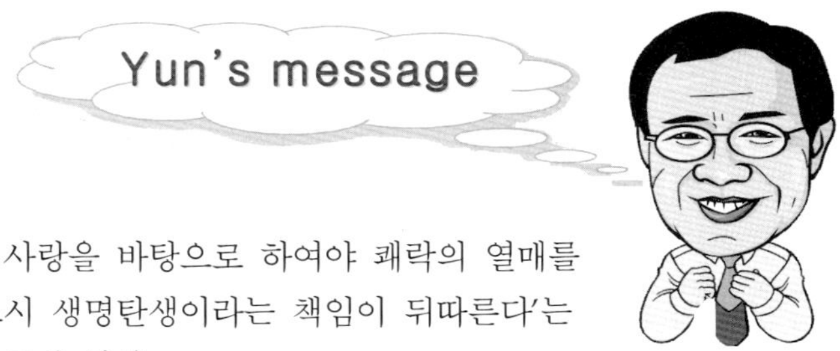

『Yun's message』

1. 가장 중요한 것은 '성행위는 사랑을 바탕으로 하여야 쾌락의 열매를 맺을 수 있고 여기에는 반드시 생명탄생이라는 책임이 뒤따른다'는 성에 관한 올바른 가치와 태도의 함양

2. 여성은 강요에 못 이겨 피임준비도 안된 상태에서 성관계를 받아들일 것이 아니라 상대의 기분이 상하지 않도록 거부할 수 있는 용기가 필요하며, 남성은 이러한 것을 존중할 줄 알아야 한다.

3. 피임법의 장단점을 잘 파악하여 자신의 상황이나 여건에 가장 적합한 피임법을 선택하는 것이 중요하다.

2. 불임

> 불임이란 피임을 하지 않고 정상적인 성관계를 가져도 1년 이내에 임신이 되지 않는 상태

1) 불임의 원인

■ 남녀 같은 비율

표 5. 불임의 원인 비율

구분	불임의 원인 비율(%)
남자	35~40
여자	35~40
남녀 모두	25~10
원인불명	5~10
계	100

(1) 남성의 원인

① 신체적 요인

■ 정소의 온도: 앉아서 하는 일이 많아지면서 정소의 온도를 높이는 결과를 초래

■ 남성의 연령

② 사회적 요인

■ 환경오염

■ 생활습관 : 과도한 음주와 흡연

■ 스트레스

③ 무정자증

- 각종 환경오염물에서 나오는 '환경 에스트로겐': 인체에 흡수되면 항안드로겐처럼 작용하여 정자형성을 억제
- 마리화나나 코카인
- 항암제 등

(2) 여성의 원인

① 신체적 원인

- 배란요인 : 호르몬 불균형
- 난관 요인
- 자궁 요인
- 면역학적 요인 : 정자에 대한 항정자항체
- 낙태수술 후유증

② 사회적 요인 : 사회진출로 임신하는 평균나이가 높아짐 → 난자도 함께 늙는다
→ 난자의 질 떨어짐

(3) 복합적인 원인

- 배란이 불규칙 + 정자수가 적어
  ⇒ 임신의 기회가 줄어드는 결과를 초래

2) 많은 시간이 필요한 불임 검사

여성의 생리주기에 맞추어 행해지기 때문

- 여성의 불임검사로는 병력, 신체검사, 기본혈액검사, 성교후검사, 자궁내막검사, 자궁난관조영술(HSG), 복강경검사, 호르몬 검사(FSH, LH, Prolactin), 혈중황체호르몬검사, 자궁경부세포진검사, 스핀바카이트(양치상형성검사), 초음파검사 등이 필수적이다. 검사종류가 많고 월경주기에 따라 검사를 받아야만 정확한 결과가 나오기 때문에 검사 기일이 적어도 2~3개월 걸리게 된다. 즉 불임검사는 검사 받는 시기가 중요하다. 월경주기에 맞추어 다른 종류의 검사를 받아야 한다.

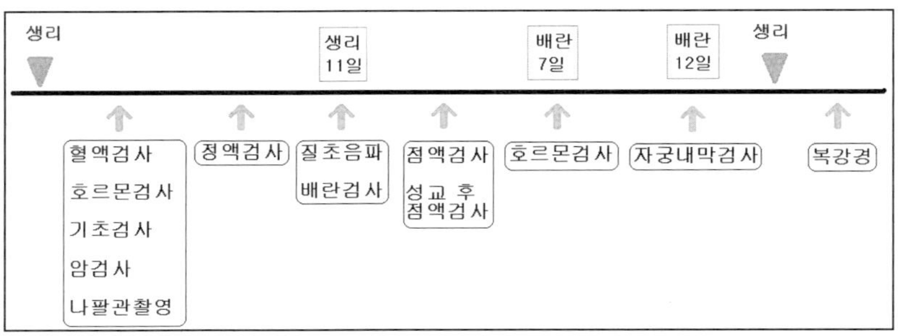

그림 22. 불임 검사 방법
(http://www.parkclinic.co.kr/junmun/bul/pu_3.htm 051031).

3) 불임의 치료

(1) 보조생식술

① 인공수정

- 시험관내 인공수정: 시험관 아기
- 자궁내 인공수정
- 난관내 인공수정

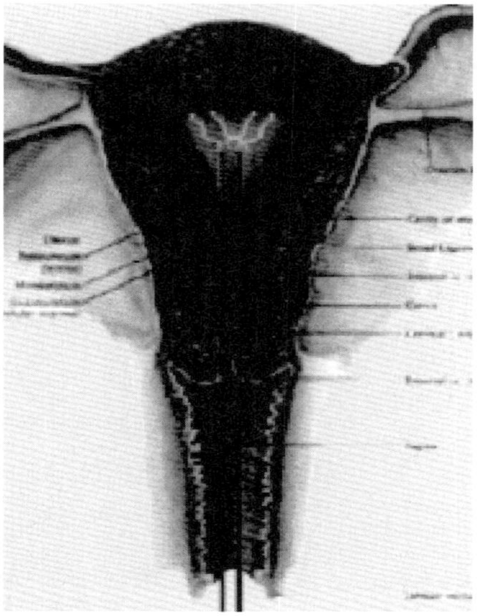

그림 23. 자궁내 인공수정
(http://obgy.doctor.co.kr/sterility
/treatment.html, 020807)

② 난자세포질 내 정자 주입술

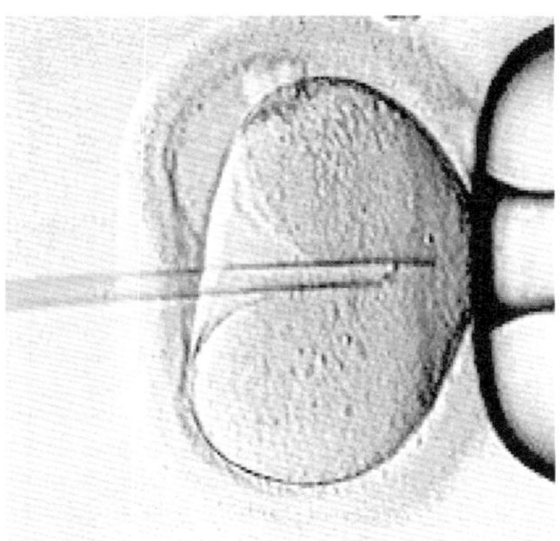

그림 24. 난자 세포질내 정자 직접 주입술
(http://www.cnuh.co.kr/kckang/femalereproductivemedicine/ch36.html
#CH36-004, 060217)

③ 정자 추출

- 미세적 부정소 정자 흡입술
- 정소조직 정자채취술
- 정원세포 주입술

④ 동결보존

- 정액 동경보존
- 난자 동결보존
- 수정란 동결보존

⑤ 난자 공여

(2) 정자은행

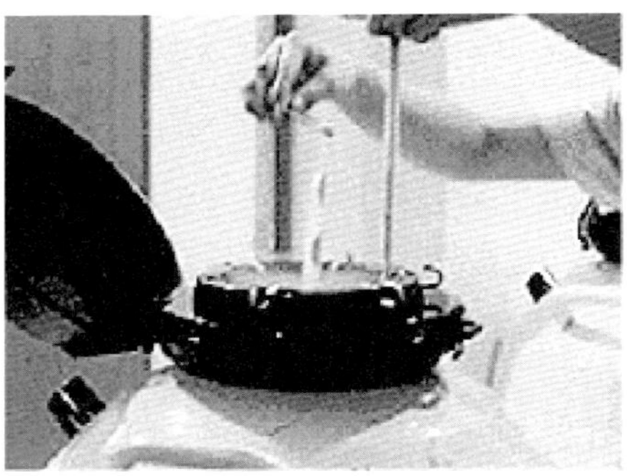

그림 25. 정자의 냉동보관

(3) 난자은행

(4) 대리모

- 제3의 여성에게 인공적으로 수정시키거나, 수정란을 이식하여 임신 및 출산하게 하는 방법
- 대리모 임신 계약을 맺은 여성이 출산 후 출산아의 인도를 거부하면?

4) 불임의 예방법

(1) 남성의 불임예방수칙

- 과도한 음주와 흡연 삼가하라.
- 음낭의 고온 환경을 피하라.
- 성병에 주의하라.

(2) 여성의 불임예방수칙

- 나이에 유념하라(태어날 때부터 만들어진 난자이므로 나이와 함께 난자도 노화)
- 적정 체중 유지(너무 뚱뚱해도, 너무 말라도 배란 장애)
- 성병에 주의하라
- 생리주기가 불규칙하거나 생리통이 심하면 반드시 빠른 시일 내에 진찰

(3) 그 외의 예방 수칙들

- 성의 올바른 이해 : 자연적으로 알게 되는 것이 아니라 배워야 한다.
- 청결한 부부 생활
- 첫 임신은 낙태하지 말 것

* 정리

- 일시적인 피임법으로서 피임률이 가장 높은 것은 피임약과 자궁내장치이다.
- 콘돔이나 살정제도 피임실패률이 15-25% 정도이므로 정확하게 사용하여야 한다.
- 사후피임약의 피임실패률도 28%나 되며, 성교 후 빨리 복용할수록 피임률이 높아진다.
- 100%의 피임성공률을 확보하기 위하여 2가지 이상의 피임법을 병행하여 사용한다. (정관과 난관 절제수술은 예외)
- 피임실패의 원인은 잘못된 피임지식, 남성의 이중성, 여성의 수동적 자세 등이다.
- 불임을 예방하기 위한 수칙으로서는 성지식 습득, 성병에 주의, 첫 임신 낙태금지 등이다.

* 토의

- 피임 -

1. 피임실패의 배경 10가지는?
2. 피임의 실천률이 낮은 5가지는?
3. 질외 사정법이 피임에 실패할 확률이 높은 이유는?
4. 콘돔을 사용하는 피임법이 실패할 수 있는 이유는?
5. 루프(자궁내 장치)를 사용하면 피임이 되는 원리는?
6. 먹는 피임법의 주의점 3가지는?
7. 사후피임법 2가지는?

- 불임 -

1. 남성의 불임 원인 5가지는?
2. 여성의 불임 원인 5가지는?
3. 여성의 나이가 많으면 임신률이 떨어지는 이유는?
4. 대리모의 장점과 문제점은?

제13장 낙태와 성병

*** 학습목표**

- 낙태의 후유증과 위험성을 안다.
- 낙태의 원인을 안다.
- 낙태를 예방하기 위한 방법을 안다.
- 성병의 종류와 예방법을 안다

*** 학습 내용**

1. 낙태
   1) 낙태의 정의
   2) 법적으로 허용되는 낙태
   3) 낙태, 어떻게 행해지는가?
   4) 낙태 후유증, 그 무서움을 아는가
   5) 낙태의 어두운 자화상
   6) 낙태의 원인
   7) 낙태 예방을 위한 노력
   8) 결론: 생각 좀 해 봅시다

2. 성병
   1) 성병의 종류
   2) 성병을 예방하는 방법
   3) 결론

1. 낙태

1) 낙태의 정의

표 1. 낙태와 관련된 용어의 정리

<table>
<tr><th>용어</th><th colspan="2">설명</th></tr>
<tr><td>유산</td><td colspan="2">태아가 저절로 죽어서 나오는 현상</td></tr>
<tr><td rowspan="2">인공유산</td><td rowspan="2">인위적인 유산, 의학적 용어</td><td>합법적 인공유산</td></tr>
<tr><td>불법적 인공유산</td></tr>
<tr><td>인공임신중절</td><td colspan="2">인위적인 유산, 법학적 용어</td></tr>
<tr><td>낙태</td><td colspan="2">대체로 불법적 인공유산의 일상적 용어</td></tr>
</table>

- 법적으로 정한 경우 이외의 인공유산은 의사가 시술한 경우에도 형법상 낙태죄에 해당된다.

2) 법적으로 허용되는 낙태

- 법적으로 허용되는 낙태 (상황낙태, 모자보건법 제14조)

첫째, 본인 또는 배우자가 우생학적 또는 유전학적 정신장애나 신체질환이 있는 경우
둘째, 본인 또는 배우자가 전염성 질환이 있는 경우
셋째, 강간 또는 준강간에 의하여 임신된 경우
넷째, 법률상 혼인할 수 없는 혈족 또는 인척간에 임신된 경우
다섯째, 임신의 지속이 보건의학적 이유로 모체의 건강을 심히 해하고 있거나 해할 우려가 있는 경우

- 위 5가지 이유 외에도 의학적 적응증으로 관례상 낙태가 허용되어 온 예는 태아의 기형과 정신박약이 예견될 경우 등이다.

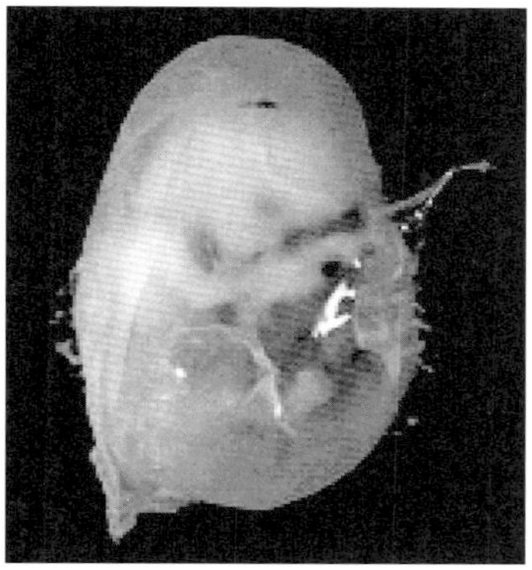

그림 1. 수정된 지 9일째의 태아. 크기는 3cm, 무게는 2~3g. 얼굴이나 외형상 형태가 성인과 유사해진다. 태아를 둘러싼 것은 양막으로 자궁 안의 양수를 채워 태아를 보호하는 반투명의 막.
(http://www.scienceall.com/ 050116)

3) 낙태, 어떻게 행해지는가?

■ 임신기간에 따라 수술방법, 합병증, 후유증이 다르다.

표 2. 낙태의 종류와 방법

종류			방법
질을 통한 강제 인양	월경추출법		임신반응 검사에서 양성으로 나오기 전에 소규모의 흡입술
	흡입술		자궁경부를 확장시켜 태아와 태반을 진공으로 빨아내는 것
	소파술	경관확장 자궁소파술(D&C)	자궁경부를 확장시켜 임신 내용물을 긁어내는 것
		경관확장 자궁배출법(D&E)	
유도분만	염수주사법		약품을 넣어 태아 죽인 후 강제로 유산
	프로스타글란딘 약제법		
	옥시토신 주사법		
	인터카디악 주입술		
먹는 낙태약	RU-486		자궁내막을 파괴시켜 태아가 영양부족으로 죽어가게 하는 약
개복술	자궁절개		자궁을 개복하여 태아를 제거
	자궁절제		태아와 함께 자궁을 잘라 냄

(1) 월경추출법

■ 월경예정일이 지나고 2주 이내
■ 자궁 내용물을 흡입해내는 수술법

(2) 관으로 빨아들이는 흡입술

■ 임신 12주 이내
■ 자궁 경부(자궁입구)의 근육을 마비시키고 벌려 입구를 넓히고
■ 끝이 날카로운 플라스틱 튜브를 자궁 안으로 삽입한다.
■ 흡입기는 아이의 몸을 갈기갈기 찢는다.
■ 태반의 뿌리를 자른다.
■ 부서진 조각들은 병으로 빨려 들어온다.
■ 흡입력은 가정용 진공청소기보다 20여배
■ 조직이 남아 있다고 생각되면 예리한 큐렛(curet)으로 훑는다.
■ 신체를 조각 맞추기 한다.
■ 최근에 가장 많이 사용되는 낙태방법

[흡입술의 단점]
■ 임신산물을 완전히 체외로 배출되지 못하면 소파술을 해줘야 한다.
■ 강력한 흡입력으로 자궁과 경부에 심한 손상을 입고 통증을 준다.
■ 후유증 우려

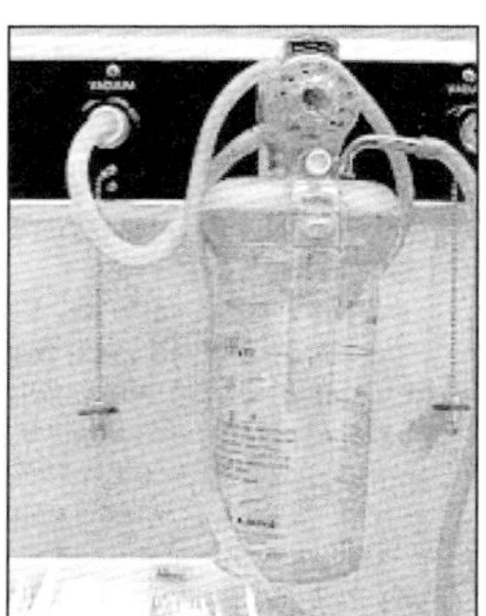

그림 2. 흡입술에 쓰이는 기구

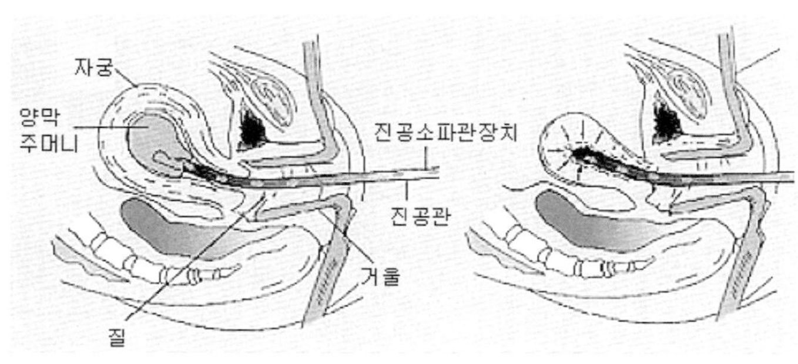

그림 3. 흡입술(추영국 등, 2003)

(3) 태아를 긁어내는 소파술

- 소파(搔爬): 조직을 긁어 이물질을 떼어 내는 일

태아의 성장단계나 크기에 따라

- 경관확장 자궁소파술(D&C)
- 경관확장 자궁배출법(D&E)

그림 4. 라미나리아가 든 병

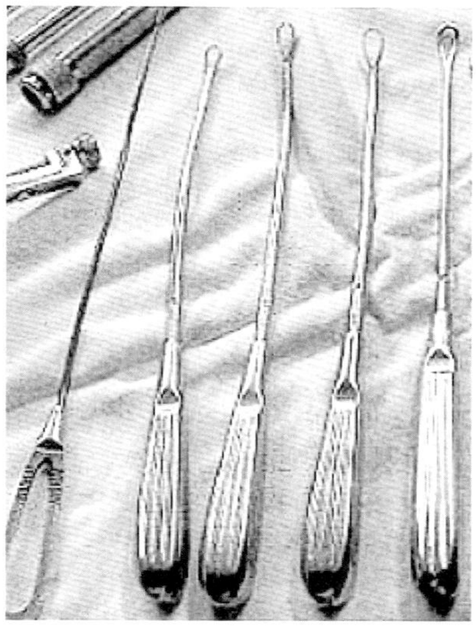

그림 5. 소파수술에 쓰이는 도구
(http://www.scienceall.com/ 010919)

① 경관확장 자궁소파술(dilatation & curettage, D&C)

- 임신 12주 이내
- 흡입만으로는 시술이 어렵기 때문에
- 자궁경부에 라미나리아라는 건조된 해조류 막대를 여러 개 삽입하여 경부를 연화시키고 쉽게 열리게 한다.
- 경부가 열리면 자궁경부를 마취한다.
- 숟가락처럼 생긴 도구로 신체를 절단해서 긁어내는 방법
- 흡입기로 훑어낸다.
- 태아 신체를 조각 맞추기

② 경관확장 자궁배출법(D&E)

- 임신 12주가 넘으면 태아의 뼈가 석회화
- 자궁경부를 확장시킨 후에
- 태아를 죽인다.
- 펜치처럼 생긴 도구로 태아를 잘라서 끄집어내는 방법
- 태아 신체 조각 맞추기
- 후유증 우려

[소파술의 단점]

- 많은 출혈을 유발시킨다.
- 후유증 우려

(4) 태아를 나오게 하는 유도분만

- 임신 4개월 이상
- 태아가 너무 커서 수술이 어려워 강제로 분만시킨다.
- 약물을 투입해서 낙태

① 염수주사법

- 임신 16주 이후
- 양수 뽑아내고 대신 소금물을 채운다.
- 수 시간 내에 죽게 된다.
- 유산된다.
- 후유증 우려

[단점]

- 염수주사가 자칫 혈관으로 들어가면 산모에게 치명적인 해를 입힌다.

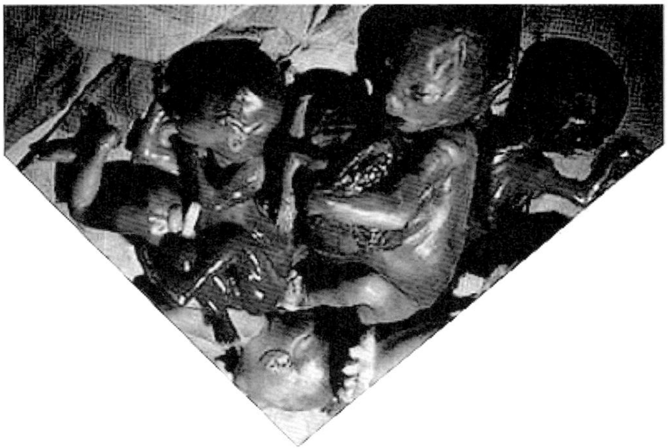

그림 6. 염수주사법에 의해 유도분만된 태아.
머리는 종종 사과사탕처럼 보이기 때문에
'사과사탕 아이'(candy-apple baby)라 부르기도 한다
(http://prolife.or.kr/info_frame.html 011024)

② 프로스타글란딘 약제법

- 임신 13주 이상
- 프로스타글란딘이라는 호르몬을 사용
- 자궁경부를 연화 → 확장 → 자궁을 수축 → 분만
- 후유증 우려

③ 옥시토신 주사법

- 옥시토신을 정맥에 주사 → 진통을 유발 → 분만
- 부작용 우려
- 후유증 우려

④ 인터카디악 주입술

- 임신 약 16주
- 긴 바늘로 태아의 심장에 약품 주입 → 심장마비로 사망
- 프로스타글란딘을 주입 → 자궁경부를 확장 → 자궁수축 → 낙태
- 후유증 우려

그림 7. 낙태의 실태를 보여주는 사진 (http://www.edunet4u.net/~imsin/naktea.html, 020525)

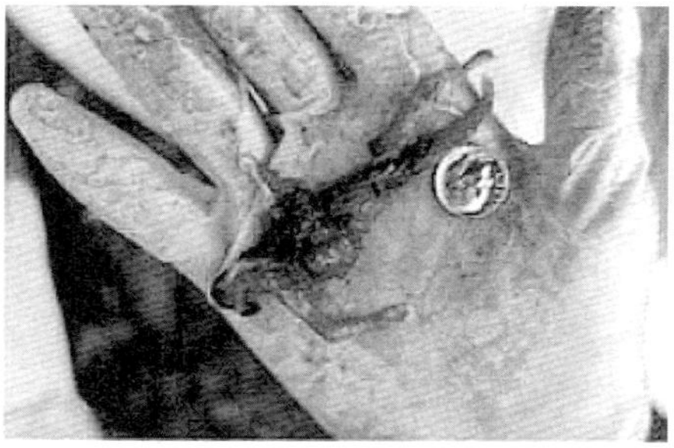

그림 8. 낙태의 실태를 보여주는 사진 (http://www.edunet4u.net/~imsin/naktea.html, 020525).

⑤ 먹는 낙태약, **RU-486**

RU-486이라는 것은 무엇인가?(http://www.scienceall.com, 020115)

- 임신 8주 이전에 사용
- RU-486 공급 → 프로게스테론의 작용을 차단 → 자궁내막을 파괴 → 태아에게 필요한 호르몬과 영양분이 공급중단 → 영양부족으로 사망
- 이것은 피임약이 아니다.
- 부작용이 많아 허가가 나지 않는 약이다.
  검은 아스피린으로 불림. 국내에서 음성적으로

RU-486의 문제점
⇒ 자궁내막을 파괴
⇒ 기형아 출산 가능성 (http://www.scienceall.com, 020115)

(5) 낙태 최후의 수단, 개복술

- 임신 25주 이상 되어 소파술이나 흡입술 등의 다른 낙태술을 사용 못하는 경우
- 태아를 꺼내어 그대로 방치하여 죽게 하거나 살해한다.

① 자궁절개

- 자궁절개술은 말 그대로 산모의 복부와 자궁을 절개, 개봉하여 태아와 태반을 꺼내는 것으로 제왕절개술과 비슷하다.
- 제왕절제에 비하여 복부와 자궁의 절개창이 작은 것이 차이점

② 자궁절제

자궁을 절개하여 태아를 꺼내는 정도가 아니고, 자궁을 제거하는 것

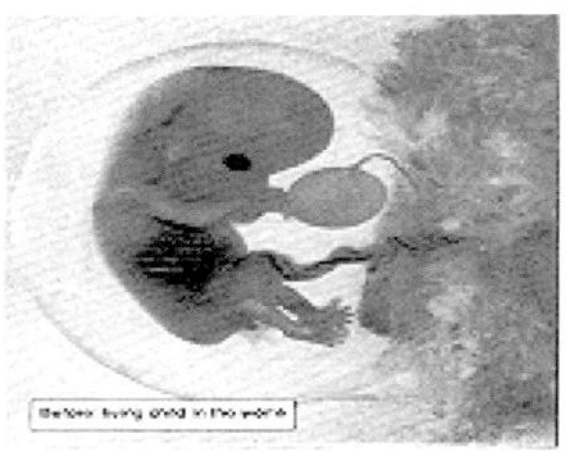

그림 9. 임신 1기(약 8주) 낙태전 사진

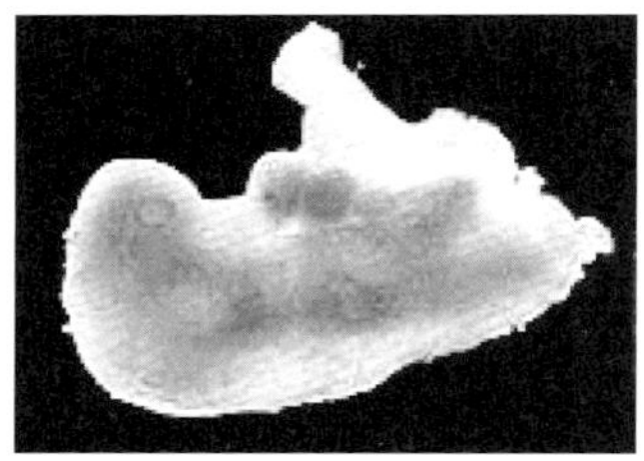

그림 10. 낙태된 태아

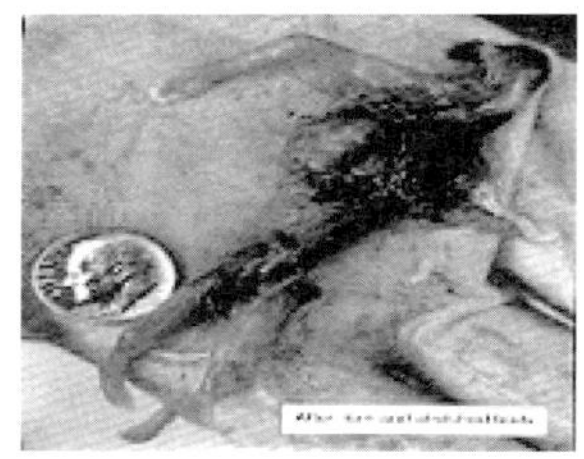

그림 11. 낙태 후 사진

그림 13. 자궁 절개술로 낙태된 태아 (http://www.prolife.or.kr 020604)

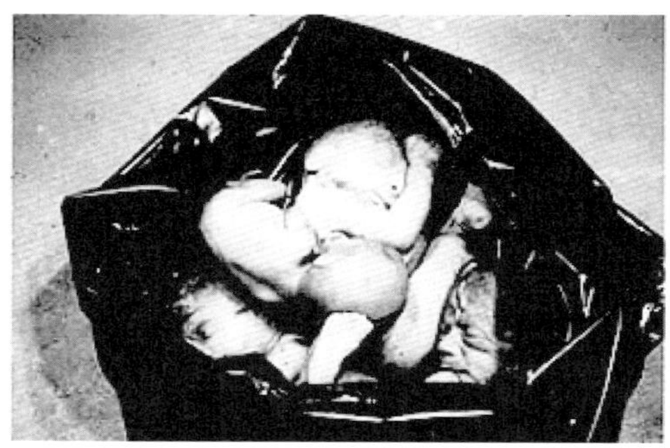

그림 12. 낙태 후 쓰레기로 버려진 태아의 시신(http://www.hli-korea.org 050116)

4) 낙태 후유증, 그 무서움을 아는가

표 3. 낙태의 후유증

<table>
<tr><th colspan="3">항목</th><th>특징</th></tr>
<tr><td colspan="3">십대에게 더 치명적</td><td>자궁이 열려본 적이 없음
수술 후 그대로 등교</td></tr>
<tr><td colspan="3">첫 임신을 낙태할 경우 더 위험</td><td>자궁이 열려본 적이 없음</td></tr>
<tr><td rowspan="8">낙태
후유증</td><td colspan="2">신경질환</td><td>죄책감, 우울증</td></tr>
<tr><td rowspan="4">불임의
원인</td><td>자궁내막염</td><td rowspan="2">불완전한 소독, 항생제 미흡</td></tr>
<tr><td>난소염</td></tr>
<tr><td>자궁유착증</td><td>습관성유산의 주범</td></tr>
<tr><td>자궁천공</td><td>도구의 무리한 사용</td></tr>
<tr><td colspan="2">자궁외 임신</td><td>자궁내벽이 손상되어 수정란이 착상하지 못하여</td></tr>
<tr><td colspan="2">약물에 의한 부작용</td><td>약물 주입에 의해</td></tr>
<tr><td colspan="2">다음 임신에 악영향</td><td>자궁의 기능 저하</td></tr>
</table>

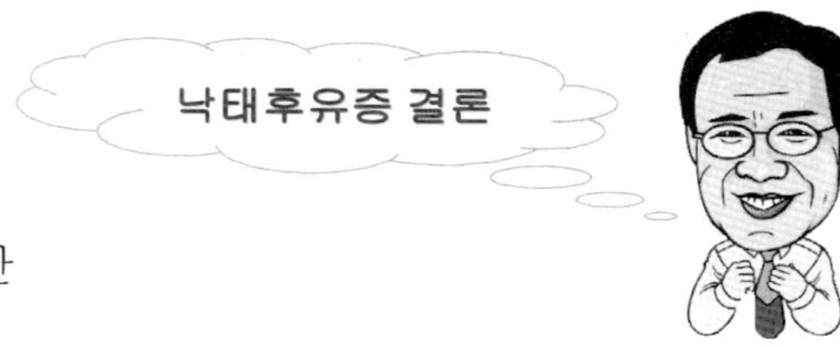

- 낙태후유증은 흔히 생기는 것은 아니지만
  매우 무서운 부작용이 생길 수 있다.
- 경우에 따라서는 치료가 불가능한 후유증이 발생할 수 있다.
- 윤리적인 문제를 떠나서도 육체적인 측면에서도 매우 해로운 수술이다.
- 가급적 낙태수술을 받지 않도록 피하는 것이 제일 좋다.

5) 낙태의 어두운 자화상

표 4. 낙태의 어두운 자화상

항목		설명
낙태경험자의 30%가 후유증	죄책감이 24%	2001년, 전국의 16~60세의 여성 1,319명 조사
	우울증이 15%	
	온몸이 아프다가 9%	
	하혈이 9%	
십대들의 낙태	수술비 충당	아르바이트로, 진한 간장, 통경제 등 비과학적 방법
낙태로 야기되는 문제	개인적 문제	정신적, 신체적, 불임 후유증
	사회적 문제	인명경시 풍조, 미혼모

6) 낙태의 원인

표 5. 사회가 발전하면서 생명을 가장 존중해야 한다고 강조하면서도 낙태건수가 줄어들지 않는 이유

항목	설명
낙태 믿고 피임 소홀	– 피임실천을 하지 않아 임신 → 낙태 경우가 60%이상 – 피임하더라도 효율이 떨어지는 피임법 사용
실질적인 피임지식 부족	– 출산조절정책 시행 후 실질적인 피임교육 미흡 – 왜곡된 피임지식
소수 자녀관	핵 가족화, 경제적 부담
남아선호 사상	원하는 성별의 자녀 아닐 때
세속적인 인본주의의 영향	개인의 편리주의, 자기중심적 사고
도덕적 사회전가	- 주변의 많은 예로 죄의식의 감소, - 도덕적으로 무감각
안 보이는 것에 대한 무책임	자궁 속 생명의 가치, 낙태의 위험성
성범죄	원치 않는 임신

7) 낙태 예방을 위한 노력

표 6. 낙태예방을 위한 노력

항목	설명
생명중심의 성교육	생명을 존중히 여기는 실질적인 성교육
실질적인 피임교육	구체적이고 과학적으로 근거 있게 설명
순결교육	사랑하는 이의 정신적·육체적 건강을 위해서도
원치 않는 성관계는 거절	여성의 적극적 대처
피임도구 사용에 대한 사고의 전환	– '콘돔을 쓰면 분위기가 깨진다'가 아니라 '콘돔을 안 쓰면 불안해서 느낌이 안 좋다'로, – 콘돔을 에로틱한 액세서리로 여기기
남아 선호 사상 문제의 해결	사고의 전환 필요, 국가의 정책 필요
예비의사들을 위한 윤리백신	의대생들에게 생명에 대한 존엄성을 갖도록
사회적 관심을 불러일으킴	낙태수술을 사회적 문제점으로 불러일으킴

8) 결론: 생각 좀 해 봅시다

[이대목동병원 산부인과 전문의, 김영주 교수님의 말씀]

(http://www.scienceall.com/ 010919)

"결혼 전 별다른 지식 없이 낙태를 쉽사리 하고 나서 나중에 고생을 하는 사람들이 많습니다. 낙태는 여성에게 치명적인 흔적을 정신적·육체적으로 남깁니다. 정말로 사랑하는 사람을 만나 행복한 결혼을 영위하기 위해서라도 여성 스스로가 올바른 성지식과 피임지식을 익혀 자기 자신을 스스로 보호해야 합니다. 제대로 자기사랑을 할 줄 알아야 한다는 것이죠.

또한 낙태가 산모에게 얼마나 치명적인지 제대로 홍보가 되어야 하고 생명중시의 캠페인도 벌어져야 합니다."

- 낙태는 피임의 수단이 아니고 태아를 제거하는 행위이다.
- 모든 낙태방법은 태아를 사망시키기 위해 약물을 사용하고, 자궁을 무리하게 열므로 심각한 후유증이 따른다.
- 특히, 첫 임신의 낙태가 가장 위험하다.
- 낙태를 예방하기 위하여 준비되지 않은 성관계는 거절하고, 피임도구 사용에 대한 사고의 전환이 필요하다.

2. 성병

1) 성병의 종류

표 7-1. 성병의 종류와 특징

<table>
<tr><th colspan="2">종류</th><th>특징</th></tr>
<tr><td rowspan="5">세균에 의한 성병</td><td>임질</td><td>- 요도에서 고름, 난관을 막아 불임의 원인
- 감염률 1위(2003년)</td></tr>
<tr><td>매독</td><td>- 태아에게 감염.
- 붉은색의 반점 → 실명 → 사망
- 감염률 4위(2003년)</td></tr>
<tr><td>클라미디아 감염증</td><td>- 요도 끝에서 무색의 끈적끈적한 액
- 감염률 2위(2003년)</td></tr>
<tr><td>림프육아종</td><td>- 항문과 오랄 성교에 의해 감염
- 여드름 같은 돌기 → 림프절 종창 → 항문에 심한 흉터</td></tr>
<tr><td>연성하감</td><td>- 여: 회백색의 분비물
- 남: 성기통증을 수반한 농양</td></tr>
<tr><td>원생동물에 의한 성병</td><td>트리코모나스 질염</td><td>- 질 내에만
- 녹백색 또는 황갈색의 냄새나는 분비물</td></tr>
<tr><td>곰팡이에 의한 성병</td><td>마닐리아 질염</td><td>- 질 내에만
- 흰색의 치즈같은 분비물</td></tr>
<tr><td>기생충에 의한 성병</td><td>사면발이</td><td>- 기생하는 이</td></tr>
<tr><td rowspan="3">바이러스에 의한 성병</td><td>포진(허피스)</td><td>- 입 주위와 음부 주위에 물집
- 성기포진 감염률 3위
- 청소년 사이에 급속히 확산(2003년)</td></tr>
<tr><td>성기사마귀</td><td>- 성기주변에 사마귀</td></tr>
<tr><td>에이즈</td><td>- 후천성면역결핍증
- 에이즈 바이러스 침입 → T4세포 공격 → T4 세포 파괴 → 후천성 면역결핍 → 합병증 → 사망
- 잠복기 3-5년 ⇒ 그 동안 전염
- 혈액, 정액, 질액, 침, 눈물, 오줌에 의해 전염
- 콘돔사용으로 예방</td></tr>
</table>

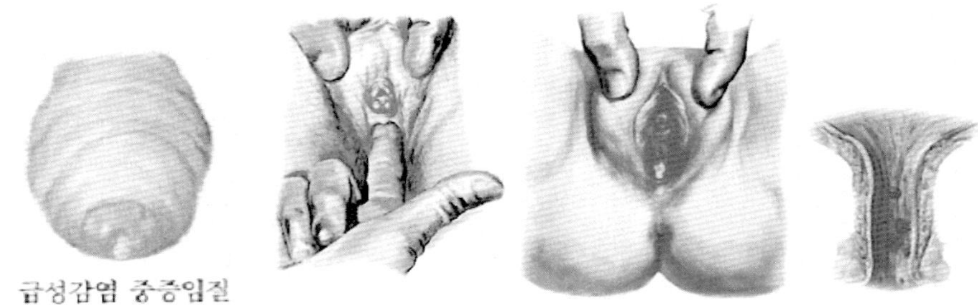

그림 14. 임질 (추영국 등, 2003)

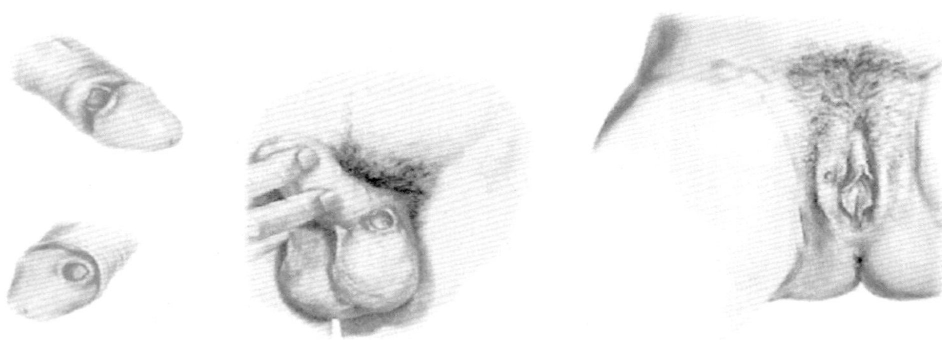

그림 15. 매독 (추영국 등, 2003)

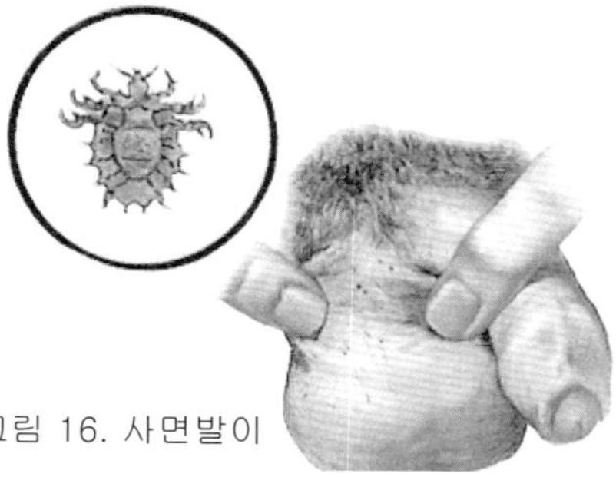

그림 16. 사면발이

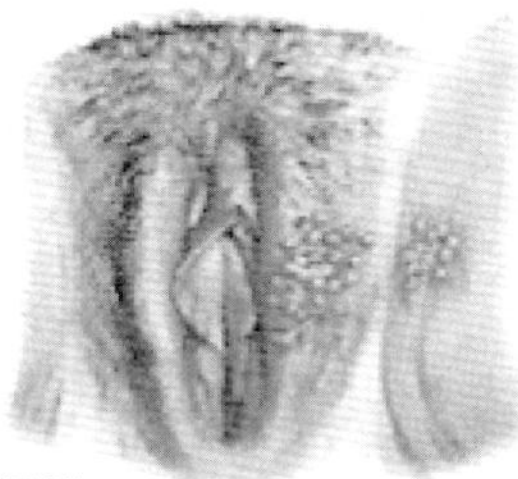

그림 17. 포진

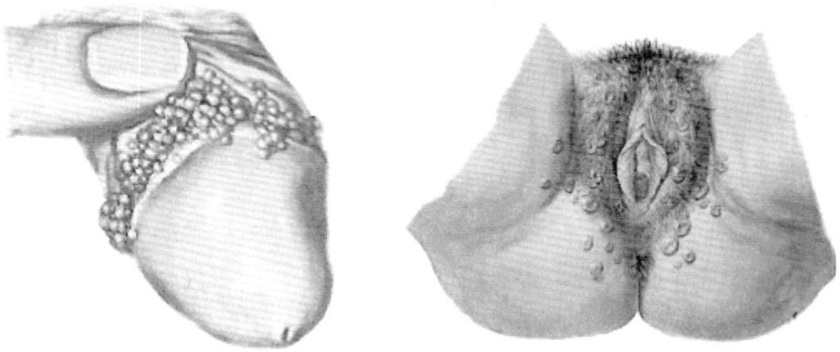

그림 18. 성기 사마귀 (추영국 등, 2003)

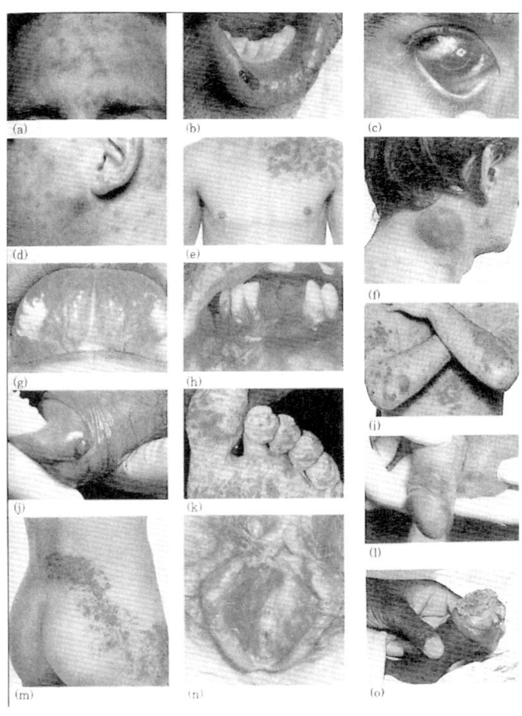

그림 19. 에이즈 환자의 다양한 증상들
(추영국 등, 2003)

2) 성병을 예방하는 방법

표 8. 성병을 예방하는 방법

항목	방법
사회제도	성교육과 성병지식의 보급
	건강진단
일상생활	1. 성병에 대한 지식을 습득하라
	2. 성기를 자주 관찰하라
	3. 성교상대를 제한하라
	4. 정직하라(감염여부 알린다)
	5. 조심하라(콘돔, 질좌약 사용)
	6. 서둘러서 검진하고 치료하라
	7. 2세까지 생각하라
성교시	1. 콘돔사용
	2. 체액이 교환되지 않도록
	3. 성병예방약
	4. 세정
	5. 성교직후 소변(남성)

표 9. 질염의 예방방법

수칙	설명
1. 면 팬티를 입어라	열과 습기조절
2. 너무 자주 질 내부를 세척하지 말라	이로운 미생물을 제거하게 된다
3. 대변 후에는 앞에서 뒤쪽으로 닦아라	항문의 박테리아가 질에 전달 방지
4. 항생제를 과다복용 말라	이로운 미생물이 정상적으로 서식하는 것을 방해
5. 부드러운 비누와 물로 성기와 항문을 규칙적으로 닦아라	스프레이는 피하라
6. 질에 불쾌감이나 통증을 주는 성행위 피하라	모세혈관 파열 우려

3) 결론

▶ 성병에 대한 지식을 습득한다.

▶ 성병예방을 위해서는 성교 시 체액을 교환하지 않고 콘돔을 사용한다.

*** 정리**

- 낙태는 피임의 수단이 아니고 태아를 제거하는 행위이다.
- 모든 낙태법은 태아를 사망시키기 위해 약물을 사용하거나, 자궁을 무리하게 열므로 심각한 후유증이 따른다.
- 특히, 첫 임신의 낙태가 가장 위험하다.
- 낙태를 예방하기 위하여 준비되지 않은 성관계는 거절하고, 피임도구 사용에 대한 사고의 전환이 필요하다.
- 성병에 대한 지식을 습득한다.
- 성병예방을 위해서는 성교 시 체액을 교환하지 않도록 하고, 콘돔을 사용한다.

*** 토의**

– 낙태 –

1. 법적으로 허용된 낙태의 이유 5가지는?

2. 10대 또는 첫 임신의 낙태가 가장 위험한 이유는?

3. 낙태의 후유증 4가지는?

4. 사회가 발전하면서 생명을 존중해야 한다고 강조하면서 낙태건수가 줄어들지 않는 이유 5가지는?

*** 토의**

– 성병 –

1. 임질의 증상과 전염되는 경로는?

2. 성교 시 취할 수 있는 방법 2가지는?

제14장 성도착증과 성범죄

* 학습목표
• 성도착증의 원인과 대처 방법을 안다. • 성폭력에 대한 예방과 대처 방법을 안다.
* 학습 내용
1. 성도착증 1) 정의 2) 성도착증의 유형 3) 성도착증의 원인 4) 성도착증 행위자를 만났을 때 대처방법 2. 성범죄 1) 정의 2) 성폭력의 발생 원인 3) 성폭력의 유형 4) 성폭력에 관한 잘못된 통념 5) 성폭력 예방지침 6) 성폭력 대응방법 7) 군대 성폭력 8) 성희롱 대처방법

1. 성도착증

1) 정의

- 성도착증은 비정상적인 대상, 행위 및 상황과 관련되어 반복적으로 강한 충동, 성적 환상 및 성적행동이 나타나 심각한 고통이나 장애를 일으키는 경우를 말한다.

2) 성도착증의 유형

표 1-1. 성도착증의 유형과 특징

유형		특징
의상도착증		이성의 의상을 입기 좋아하며, 입는 것에 의해 성적 만족이나 정서적 안정을 얻는 경우
노출증		타인에게 자기의 생식기를 보여줌으로써 성적욕망이 일어나는 행위
관음증		강박적으로 타인의 성행위나 배설행위 또는 타인의 나체 엿보기를 좋아하거나 보면서 성적으로 만족을 얻는 경우.
소아기호증		이성 또는 동성의 어린이에게 성적 목적을 위해 병리적인 흥미를 나타내는 경우
동물애증		동물과의 성관계에서 성적흥분을 갖는 경우
배물애(물품음란증)		성적인 숭배물이 팬티, 브래지어, 신발 등의 물건이며 반복적으로 접촉하면서 성적 쾌락을 얻는 경우
성적가학증		상대를 신체적이거나 정신적으로 잔인하게 벌함으로써 성적으로 만족을 얻는 경우
성적피학증		굴욕당하거나, 매질을 당하거나, 묶여 있거나, 그 밖의 다른 방식으로 고통을 당하여 성적 흥분을 얻는 경우
색정광	남자색정광	성욕을 참지 못해 성적만족을 구하여 과격하고 충동적인 행동을 하는 것이 특징
	여자색정광	탐욕스러운 성의 욕망으로 성 상대를 연속적으로 바꾸는 경우인데, 강박충동을 가지고 있고 새로움과 정복에 의한 흥분으로 오르가즘에 이르는 경우

3) 성도착증의 원인

- 성호르몬의 증가에 의해 일어날 수도 있다.
- 그보다는 성장과정의 물리적, 심리적 환경에 의해서 생길 수 있다.
- 그러나 청소년기의 특정 행동이 성적 충동을 해소시켜 주는 경험을 함으로써 우연히 학습되고 강화되기도 한다.

4) 성도착증 행위자를 만났을 때 대처방법

- 화를 내거나 겁을 먹고 당황하는 등 감정적으로 대응하면, 상대방은 더욱 성적 흥분을 느껴, 같은 행동을 반복하거나 더 심한 행동을 보일 수 있다.
- 그러므로 피해자는 반응을 보이지 않거나,
- 이성적으로 단호하게 반응하는 것이 바람직하다.

2. 성범죄

1) 정의

> • **성범죄 범위**는 성폭력, 성희롱, 성추행, 성기노출, 강간, 강간미수, 윤간, 강도, 강간, 아내강간, 성적 가혹 행위, 음란물 보이기, 음란물의 제작에 이용, 윤락행위 강요, 음란전화, 인신매매 등 모든 신체에 가해지는 물리적 폭력과 음란 한 말이나 눈짓, 정신적 학대도 모두 포함된다.

(1) 성폭력(**sexual violence**)

- 상대방의 의사에 반(反)하여 성(性)을 매개로 가해지는 **신체적, 언어적, 심리적 폭력**

- 즉, 강간, 윤간, 강도강간, 아내강간, 성추행, 전화나 PC통신 등을 이용한 언어적 폭력, 성기노출, 음란한 눈빛으로 바라보는 것 등

- '상대방의 의사에 반한다' 함은 원치 않거나 거부하는 행위를 상대방에게 계속하거나 강요한다는 말

- 따라서 상대방으로 하여금 성폭력에 대한 막연한 불안감이나 공포감을 조성할 뿐만 아니라 그것으로 인한 행동제약을 유발시키는 것도 간접적인 성폭력이라 할 수 있다

(2) 성희롱(sexual harassment)

- 상대방 의사에 반하는 성과 관련된 언동으로 불쾌하고 굴욕적인 느낌을 갖게 하거나 유무형의 피해를 주는 행위.

2) 성폭력의 발생 원인

(1) 이중적인 성문화
- 성 금기적인 문화 : 유교전통, 가정, 학교의 성문화는 성적방종 문화를 유도, 역기능 초래.
- 남성 : 주도적인 성(가학적, 일방적)
- 여성 : 수용적인 성(정숙, 순종)

(2) 성의 상품화

- 미인 대회 : 미스코리아, 슈퍼모델 등
- 광고에 여성을 상품화
- 음란한 스포츠신문, 잡지, 만화, 비디오, 서적 (여성을 성적 대상으로 비정상적인 내용)
- 매매춘(성을 사고 파는 행위)

(3) 성교육의 부족

- 임신과정, 신체구조의 설명 : 보건교육에 불과
- 성에 대한 올바른 인식 부재
- 성에 관한 자정 능력 키우기에 부족

3) 성폭력의 유형

① 어린이 성폭력 ② 청소년 성폭력 ③ 친족 성폭력 ④ 직장 내 성폭력 ⑤ 데이트 성폭력 ⑥ 모르는 사람에 의한 성폭력 ⑦ 온라인 공간상의 성폭력

4) 성폭력에 관한 잘못된 통념

(1) 성폭력은 낯선 사람에 의해 발생한다.

- 실제로는 아는 사람에 의한 성폭력이 전체의 70%이상을 차지

(2) 성폭력은 젊은 사람에게만 일어난다.

- 피해자 중 30%가 만 13세 미만
- 20%정도가 13~19세의 미성년자
- 생후 만 4개월의 아기부터 70세 이상의 할머니까지

(3) 여성들의 야한 옷차림이 성폭력을 유발한다.

- 계절과 상관없이 성폭력은 일어남
- 야한 옷차림이 강간을 유발한다는 것은 우리 문화가 만들어낸 통념

(4) 성폭력은 억제할 수 없는 남성의 성충동에 의해 발생한다.

- 대부분의 성폭력은 지속적이고 계획적으로 일어난다.
- 아무리 배가 고파도 음식을 훔쳐먹지 않는 것처럼 성충동도 교육과 훈련에 의해서 조절이 가능하다.

(5) 부부간에 강간이란 있을 수 없다.

- 아내 또는 남편은 소유물이 아니다.
- 따라서, 아내 또는 남편의 의사에 반하거나 폭력을 사용하여 강제로 성관계를 갖는 것은 강간이다.

(6) 여성은 성폭력 당하기를 은근히 기대한다.

- 아무리 사소한 성희롱이나 성추행에도 피해여성들은 분노와 수치심을 느낀다.
- 어느 누구도 폭력행위로 인한 수치심과 모욕감을 원하지 않는다.

(7) 끝까지 저항하면 강간은 불가능하다.

- 강간은 말로 위협하는 정도에 그치지 않고 때리거나 흉기로 위협
- 위협적인 상황에서 극도의 공포와 수치심
- 저항하기보다는 무력
- 피할 수 없게 된다.

(8) 강간범은 정신이상자이다.

- 대다수 가해자들은 정상적 사회생활
- 여성의 대한 비하의식과 잘못된 성인식
- 자신이 겪는 소외감, 열등의식, 박탈감, 분노 등을 약자에게 표출하는 것

(9) 여성들도 스스로 조심해야 한다.

- 조심하는 것은 최소한의 임시방편일 뿐
- 사회풍토의 척결과 이를 위한 법적 제도적 장치 필요

5) 성폭력 예방지침

- 성에 대한 가치관, 행동범위의 한계에 대해 분명한 결정선을 가지고 있어야 한다.
- 불쾌한 성적인 접촉이나 상황에 직면했을 때는 분명한 거부의사를 표시한다.
- 평소 성폭력에 대한 충분한 예비지식과 대처방법을 숙지한다.
- 음담패설을 삼간다.
- 자신이 가는 곳을 주변에 명확히 알린다.
- 숙박업소는 어떤 구실로든 따라가지 않는 것이 좋다. 부득이한 경우 구조 요청을 할 수 있는지, 비상구가 있는지 살펴둔다.
- 평소 자신의 주량을 파악하고, 술은 자신이 조절 가능한 만큼 마신다.
- 어디서든 택시를 타고 집에 올 수 있도록 비상금을 소지하고, 콜택시의 전화번호를 가지고 다닌다.
- 택시를 탈 경우는 차번호와 회사명을 알아둔다.

6) 성폭력 대응방법

(1) 강간을 당한 피해자 본인인 경우

① 성폭력 전문상담기관에 도움을 요청한다.
② 사건 현장 가능하면 그대로 보존
③ 몸을 씻지 않은 채로 가능한 한 빨리 산부인과에 간다.
→ 입, 항문, 질, 손톱 밑, 머리카락, 음모 등을 통해서 증거를 수집
④ 피임처리 한다.
⑤ 몸에 멍이나 상처가 있으면 사진을 찍는다. 이때, 얼굴이 함께 나오게 찍는 것이 좋다.
⑥ 피해 당시 입었던 옷가지나 다른 증거물을 모아 코팅되지 않은 종이봉투에 보관한다. (비닐은 습기가 차서 증거가 없어질 수 있다.)
⑦ 자신을 지지해주고 도와줄 수 있는 사람을 찾는다.
⑧ 혼자 있는 것은 좋지 않다. 가족이나 친구 집 등 안전한 장소로 피한다.
⑨ 피해 직후엔 절대 금주
⑩ 감정을 가라앉히고 고소여부를 결정한다.

(2) 강간을 당한 피해자의 주변인인 경우

① 침착하게 할 일의 순서를 정한다.
② 가능한 한 빨리 산부인과에 가도록 설득하고 동행한다.
③ 피해자의 이야기를 들어주고, 그대로 믿어주고, 도와준다. 피해자에게 신뢰감을 준다.
④ 안타까운 마음에라도 "좀 더 저항하지 그랬니?" 또는 "그런 곳을 왜 갔니?" 라는 말을 하지 않는다.
⑤ 모든 행동의 결정에 있어서 피해자의 의사를 존중한다.
⑥ 피해자에게 증거확보의 필요성을 이야기하고, 피해 당시 입었던 옷가지나 다른 증거물을 모아 코팅되지 않은 종이봉투에 보관한다.
⑦ 피해후유증을 최소화하기 위해 내가 해줄 수 있는 일을 찾아본다. 성폭력 전문상담기관에 전화하면 여러 가지 정보를 얻을 수 있다.

(3) 의료검사와 증거채취

- 우선 외상 확인(폭력의 증명)
- 손톱 밑을 긁어서 검사(가해자의 혈액형과 피부조직 확인)
- 외음부 검진 (혈액이나 분비물이 말라붙은 흔적, 처녀막 상태의 검진)
- 질내 검사(몸안에 남아 있는 정자 확인, 피해 후 48시간 내에 진찰)
- 혈액채취(매독과 에이즈, 유전자 확인, 약물복용 여부 확인)
- 소변검사
- 72시간 이내에 응급피임약 복용 또는 루프 삽입
- 임신여부 검사

(4) 법적 처리 절차

- 가해자를 고소하여 형사처벌을 받게 하는 것과
- 피해자가 민사상 손해 배상을 받는 것
- 택 1 또는 2가지 모두 사용 가능(별개의 문제)

① **민사적 방법**
- 가해자를 안 날로부터 3년 이내에 제기
- 합의를 하는 경우, 그 이후에는 더 이상의 배상청구를 할 수 없게 된다.

② 형사적 방법

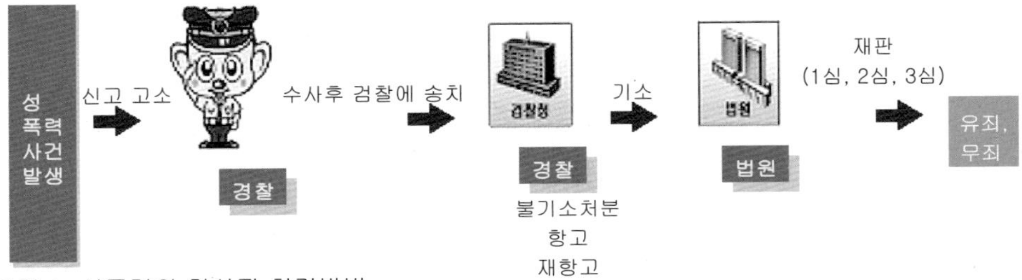

그림 1. 성폭력의 형사적 처리방법
(http://www.lawhomep.or.kr/sub_menu/s_p6.htm 030705)

7) 군대 성폭력

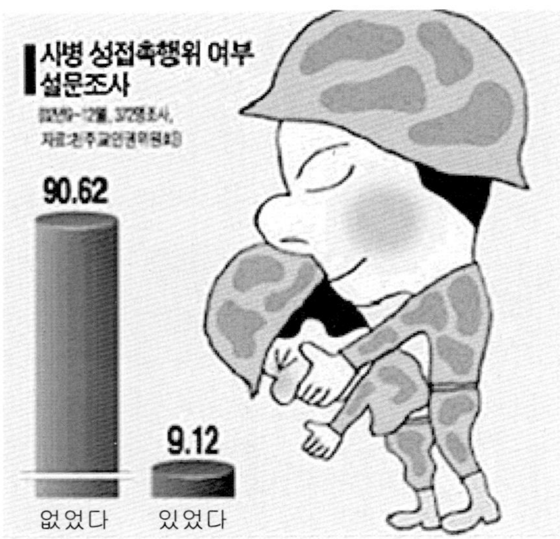

그림 2. 사병 성접촉 행위 여부 설문조사
(http://www.chosun.com/w21data/html/news/200307/200307140286.html 031223)

(2) 군대 성폭력의 유형

표 2. 군대 성폭력의 유형 (http://news.empas.com 031224)

유형	비율(%)
성행위 흉내내기	30.2
신체 애무	15.9
성경험담 말하기	14.5
동침행위	12.7
성기애무	3.2

(3) 군대 성폭력의 원인

① 후임병에 대한 선임병의 강압적 환경 때문
② 단순한 남자들끼리의 장난으로 보는 시각 때문
③ 피해자가 부대 내에 적응을 못하고 일어나는 현상으로 인식하기 때문
④ 동성애의 원인: 입대하기 전부터 동성애의 경향을 가진 사람이 입대 후 부대 안에서 자신의 욕구 충족을 위해 자신보다 계급이 낮은 사람들에게 자신의 욕구를 푸는 일이 있다.

8) 성희롱 대처방법

- 분명히 거부하라.
- 기록을 남겨라.
- 상담기관이나 관계기관에 도움을 구하라.

*** 정리**

- 성도착증의 원인은 성장과정의 심리적 환경에 의해 더 많이 생기며, 특정 행동이 성적 충동을 해소시켜 주는 것을 경험을 함으로써 우연히 학습되고 강화되기도 한다.

- 성도착자를 만났을 때에는 반응을 보이지 않거나, 이성적으로 단호하게 반응하는 것이 바람직하다.

- 성폭력을 예방하기 위해서는 성에 대한 가치관, 행동범위의 한계에 대해 분명한 결정선을 가지고 있어야 한다.

- 강간당한 것을 고소하려면 현장과 상처를 보존하고, 성폭력 전문상담기관에 연락하며, 48시간 이내에 정자 확인 진찰을 받아야 한다.

*** 퀴즈**

1. 서로 성행동 범위의 한계에 대해 분명한 결정선을 정할 수 있을까?

2. '섹시하다'는 성희롱일까 아님 칭찬일까?

제15장 성지식 테스트

* 학습목표
•성에 관하여 잘못 알고 있는 지식을 바로 잡는다.
*** 학습 내용**
1. 잘못 알고 있는 성지식 2. 성지식 자가테스트

1. 잘못 알고 있는 성지식

1) 정소(고환)는 따뜻하게 하는 것이 좋을까?

- 정자는 체온보다 낮은 온도에서 잘 만들어진다.

2) 정소의 크기가 클수록 정력이 좋은가?

- 정력을 무엇으로 규정하느냐에 따라 다르지만
- 정소의 크기와 성교 빈도와는 전혀 관계가 없다.

3) 자전거타기는 성기능에 나쁜가?

- 자전거를 타면 회음부가 안장에 눌리게 된다.
- 이론적으로 발기 동맥이 지속적으로 압박을 받아 손상을 입을 수 있다.
- '자전거를 타면 무조건 나쁘다'고 결론지을 수는 없다.
- 자전거타기는 좋은 운동
- 다만, 장시간 과격하게 자전거를 달리지 말고, 자주 안장에서 엉덩이를 들썩거려 줌으로써 회음부를 지나는 혈관의 압박을 푸는 운동 습관을 갖는 게 좋다.

4) 코가 크면 음경도 클까?

- 아무 상관이 없다. 남성 성기의 크기는 체구 등에 비례하지 않다.

5) 빈번한 질 세척은 오히려 나쁠까?

- 질 자체가 세균감염을 격퇴시켜 스스로 청결상태를 유지하는 질의 자정작용
- 질에 락토바실리균이 공생
- 포도당을 유산으로 변화 - 강한 산성 유지
- 따라서 너무 빈번한 질 세척은 오히려 질의 자정작용을 약화시킴

6) 여성호르몬은 여성에게만 있다?

- 두 호르몬의 양적 차이일 뿐 모두에게 2가지 호르몬 분비된다.

7) 대머리이면 정력이 세다?

- 남성호르몬의 일종인 테스토스테론 자체가 탈모를 일으키는 것이 아니라
- 테스토스테론이 모낭의 성장을 방해하여 탈모
- 일단 테스토스테론의 분비가 많다고는 할 수 있다.
- 다른 원인에 의해서도 탈모가 생긴다.
- 따라서 대머리라고 모두 정력이 센 것은 아니다.

8) 생리기간 중 성관계를 하면 임신되지 않는다?

- 이론상으로는 월경 중의 성관계로 임신은 되지 않아야 한다.
- 하지만 불규칙적인 배란때문에
- 임신확률이 떨어질지는 몰라도 임신이 전혀 안 되는 건 아니다.
- 생리 중에는 질 내부가 일시적으로 중성이 되므로 방어력이 약해져 감염될 확률이 높다.
- 따라서 월경 중에는 성교를 피해 질을 병균으로부터 보호해야 한다.

9) 자위행위를 하면 키가 크지 않을 것이다.

- 자위행위와 키 크기는 상관이 없다.
- 키 크기는 성장호르몬과 밀접한 관련이 있다.
- 키가 크지 않는 이유는 유전, 식사량, 운동량과 관련
- 키가 크기 위해서는 좋은 운동과 음식섭취가 필수적

10) 자위행위를 많이 하면 어른이 된 후 정액이 부족하지 않을까?

- 아니다. 정액은 초등학교 4-5학년 때부터 만들어져 죽을 때까지 매일 만들어지는 것
- 다만 죄책감을 가지고 자위행위를 하는 경우에는 어른이 되었을 때 정신적인 스트레스로 남게 되어 발기부전, 조루, 성행위거부 등 후유증이 남을 수 있다.

11) 성관계를 많이 하면 수명이 단축될까?

- 인간의 성욕은 억지로 자제하기 보다는 해소하는 것이 정신건강에 더 유익하다.
- 지나치게 성을 탐닉하다 보면

  심신이 피로 → 쇠약 → 면역력 약화 → 다른 질병 → 수명단축
- 여러 상대와 무절제하게 성관계를 하다보면 에이즈에 노출될 위험도 커져서 2차적인 요인에 의해 진짜 수명이 단축될 수도 있다.

12) 항문 섹스 과연 해도 될까?

- 그런데 우선 항문은 성기관이 아니다.
- 질이 없는 동성연애자들 사이에서 하는 행위로써
- 여성들은 좋아하지 않는다. 오히려 고통을 호소하기도 한다.
- 항문이 있는 직장에서는 윤활액이 나오지 않는다.
- 그래서 음경이 삽입되어 피스톤 운동을 하면 상처입기 쉽다.
- 그리고 항문의 괄약근이 늘어나 평생 기저귀 신세를 질지도 모른다.
- 또 음경에 변이 묻어나올 우려
- 그러면 균에 감염되기도 쉬우며
- 특히 주의해야 할 점은 항문에 넣었던 음경을 흥분하여 질에 넣으면 각종 질병과 성병에 걸리기 쉽다.

13) 음경이 크면 여성을 잘 만족시킬까?

- 음경의 크기는 성적 능력과 파트너를 성적으로 만족시켜주는 능력과는 관계 없다.
- 여성은 음핵과 G점을 통해서 오르가즘을 느낀다.
- 이 G점은 질 입구로부터 약 3cm 부위에 있다.
- 음경이 크더라도 여성에게 더 큰 성적 흥분을 주지 못한다.
- 우리나라의 '성기 확대수술' 광고는 잘못된 성지식
- 헐거워진 질입구를 좁히기 위해 일명 '이쁜이 수술'도 잘 못된 성지식 (수술하면 남성은 만족감이 상승된다)
- 여성의 오르가즘에 결정적인 것은 남성의 성기 크기가 아니라 오히려 성에 대한 적극적 자세를 가지려는 두 사람의 노력과 음핵과 G점을 자극시키는 기교가 더 중요하다.

14) 포경수술을 하면 성기능이 향상될까?

- 포경수술을 할 때 잘라내는 귀두 외피는 나름대로 독특한 기능을 가지고 있다.
- 귀두의 민감성과 윤활성을 유지해주고 이물질과 마찰되어 손상을 입는 것을 막아준다.
- 그 외피가 피스톤 운동의 마찰 저항을 줄여주고
- 여성에게는 부드러운 만족감을 더해주는 기능
- 발기가 되었을 때는 피부를 여유있게 공급함으로써 성기에 무리를 주지 않음
- 따라서 가급적 성기는 원형 그대로 보존하는 것이 성기능 발휘에 도움
- 우리나라 세계 1위의 포경수술율은 잘못된 성지식
- 여성은 자연 그대로의 음경을 더 좋아한다(영국 비뇨기학회지의 포경수술 특집호)

15) 여성의 성적흥분은 삽입을 통해서만 가능하다.

- 여성은 음핵과 G점(질입구에서 3cm 정도)에서 오르가즘 느낌
- 그리고, 정신적 교감을 통해서 성적인 흥분을 얻을 수도 있다.

16) 두 사람이 모두 오르가즘을 느껴야 만족스런 섹스일까?

- 아니다.
- 오르가즘이 없더라도 심리적인 만족을 느끼고 사랑이 깊어질 수 있다면 굿 섹스
- 솔직하고 열린 마음으로 상대를 받아들이면 자연히 오르가즘이라는 보너스를 얻을 수 있다.

17) 임신 중에는 성적 욕구가 없고 오르가즘을 느끼지도 못한다.

- 아니다.
- 물론 임신 중에 고난도 체위 등 격한 섹스는 자제하는 좋다.

18) 사정 후 질을 세척하면 피임이 된다.

- 성관계 바로 직후에 정액을 전부 씻어내는 것은 매우 어려운 일이다.
- 피임 안 될 수 있다.

19) 질외사정을 하면 임신이 되지 않는다?

- 사정직전 쿠퍼선에서 나오는 윤활작용을 하는 분비물에 정자가 들어있을 수 있다.

20) 정관절제수술을 하면 정력이 줄어든다.

- 이는 완전히 틀린 말이다.
- 호르몬은 혈관에 의해 운반되므로 정관을 절제하여도 호르몬의 운반에는 아무런 지장이 없기 때문에 성 기능과는 관련이 없다.
- 오히려 임신에 대한 불안이 없으므로 정력이 높아진다고 한다.

21) 모기에 의해 에이즈에 걸릴 수 있다?

- 주사기로 에이즈가 전염된다고 해서 모기에 물렸을 때도 에이즈에 전염될 수 있다고 생각해 볼 수 있다.
- 그러나 모기의 체내에서는 에이즈 바이러스가 생존할 수 없다고 한다.
- 모기는 인체와 온도, pH 등 여러 가지로 조건이 다르기 때문 에이즈 바이러스가 죽음

22) 대부분의 강간은 '컴컴한 곳'에서 '낯선 사람'에 의해 일어난다?

- 아는 사람에 의한 경우가 더 많다고 한다.
- 그리고 낮 동안에도, 거의 모든 장소에서 일어나고 있다.

2. 성지식 테스트

1) 미국의 디로가티스(Derogatis)가 개발한 성지식 자가테스트

(DSFI : Derogatis Sexual Functioning Inventory)
- 우리나라의 실정에 맞게 26개의 항목으로 재구성
참고 사이트: http://www.bornpenis.co.kr/born_test/02_sung_test.asp

2) 성기관의 구조와 기능에 관한 문항(24문항), 성행위에 관한 21문항,

성적 성향에 관한 6문, 임신과 피임에 관한 14문, 성건강에 관한 16 문항

참고 사이트:
http://www.ausung.net, http://lady.khan.co.kr/9908/book_a2.htm,
http://counsel.home.uos.ac.kr/test_4_4_1.htm,

3) 어린이 성교육을 위한 성지식 테스트(설문지) 43개 문항

김봉순, 2002. 초등학교 고학년 아동에 대한 성교육 현황 및 개선방안에 대한 연구. 공주대학교 석사학위논문, 76pp.

*** 정리**

- 음경의 크기와 성기능과는 관계가 없다.
- 포경수술을 한다고 성기능이 향상되는 것은 아니다.
- 생리기간 중에 성관계를 하면 임신이 될 수도 있다.
- 질외사정을 하여도 임신이 될 수 있다.

*** 퀴즈**

1. 여성이 오르가즘을 느낄 수 있는 3가지 요소는?

2. 난소와 정소는 따뜻하게 보호하는 것이 좋은가?

3. 생리기간 중에는 성관계를 해도 임신이 되지 않을까?

참고문헌

강신성, 권덕기, 김종봉, 김한순, 박상옥, 박재홍, 박홍덕, 서봉보, 손종경, 송방호, 송승달, 안원근, 영홍준, 전창진, 정재창, 정화숙, 추연식, 황의욱, 2006. 생물과학 제7판. 월드사이언스, 1108pp.

김명원, 김옥용, 김희진, 신주옥, 이혜영, 진언선, 하영미, 2004. 생명과학. 라이프사이언스, 672pp.

김봉순, 2002. 초등학교 고학년 아동에 대한 성교육 현황 및 개선방안에 대한 연구. 공주대학교 석사학위 논문, 76pp.

김은수, 공일근, 김동학, 김수영, 박종임, 서혜희, 오승은, 이경호, 이임순, 이재석, 임윤규, 전상학, 정진복, 조경상, 조명환, 조세형, 최양규, 한정수, 2008. 우리들의 성. 라이프사이언스, 498pp.

김혜숙, 1995. 인간과 성. 에드텍, 212pp.

문명진, 2000. 성의 과학. 유한문화사, 297pp.

오영근, 1996. 성의 과학 사전. 전파과학사, 441pp.

이광웅, 강봉균, 김영상, 김원, 백상기, 윤권상, 이종섭, 최청일, 홍영남, 2003. 생명 생물의 과학. 교보문고, 1080pp.

이영록, 김우갑, 이석우, 윤일병, 김윤식, 심웅섭, 김학렬, 박용근, 1995. 최신생물학. 법문사, 1097pp.

정경숙, 1999. 이너 스페이스. 세계의 여성들, 234pp.

추영국, 고현숙, 김동일, 김병진, 김주필, 류재혁, 박흠대, 선우양일, 윤성규, 이주하, 정해문, 진덕희, 2003. 신경향 성의 과학. 아카데미서적, 326pp.

하재청, 선우양일, 류태형, 김병기, 고현숙, 2003. 새 성의 과학. 월드사이언스, 302pp.

Niesen, 1982. The marine biology coloring book. Harper Collins Publ., New York, 208pp.

A

B

C

D

E

F

G

H

I

L

M

P

S

T

U

V

W~Z

가

나

다

라

마

바

사

아

자

차